日本新建筑系列丛书6

地区基础设施

日本株式会社新建筑社　编/译

大连理工大学出版社

新建築
株式會社新建築社，東京

图书在版编目(CIP)数据

日本新建筑.6，地区基础设施 / 日本株式会社新建
筑社编译.—大连：大连理工大学出版社，2010.12
　ISBN 978-7-5611-5957-6

　Ⅰ.①日·· Ⅱ.①日·· Ⅲ.①建筑设计－建筑设计－
日本－现代－图集 Ⅳ.①TU206

中国版本图书馆CIP数据核字（2010）第248087号

出版发行：大连理工大学出版社
　　　　　（地址：大连市软件园路80号　　邮编：116023）
印　　　刷：北京利丰雅高长城印刷有限公司
幅面尺寸：221mm×297mm
印　　张：9.75
出版时间：2010年12月第1版
印刷时间：2010年12月第1次印刷
出　版　人：金英伟
统　　筹：房　磊
责任编辑：张昕焱
封面设计：季　强
责任校对：杨宇芳

ISBN 978-7-5611-5957-6
定　　价：58.00元

电　话：0411-84708842
传　真：0411-84701466
邮　购：0411-84708943
E-mail: a_detail@dutp.cn
URL: http://www.dutp.cn

编委会名单

主　　编　（中）范　悦

　　　　　　（日）四方裕

编委会成员

　　　中方编委　王　昀　吴耀东　陆　伟

　　　　　　　　茅晓东　钱　强　黄居正

　　　　　　　　魏立志（按姓氏笔画排序）

　　　海外编委　吉田贤次　多田亮彦

目 录

梅斯蓬皮杜中心

设计　坂茂建筑设计 Shigeru Ban Architects Europe / Jean de Gastines Architects
施工　Demathieu & Bard

所在地　法国 梅斯
CENTER POMPIDOU - METZ
architects: SHIGERU BAN ARCHITECTS EUROPE / JEAN DE GASTINES ARCHITECTS

从西侧广场看。1977年开馆的巴黎蓬皮杜中心分馆。在2003年举行的国际设计竞赛中坂茂胜出，在法国梅斯市施工建设。六角形编织的木结构巨型屋顶覆盖整体，下面插入三个15m×90m的长箱型展厅。

007

大厅内景。编成六角形和正三角形图案的木结构巨型屋顶由两根合成木材的上弦材和下弦材中间夹木
支撑构成，编织成空腹梁状。大厅1层可自由进出，中央放置的六角形塔是电梯和楼梯间。

从6层的空中走廊看着三个长箱型展厅，为每两根梁呈45°彼此交错布置的钢筋混凝土结构，箱子顶面设计为展示雕塑的空中平台。

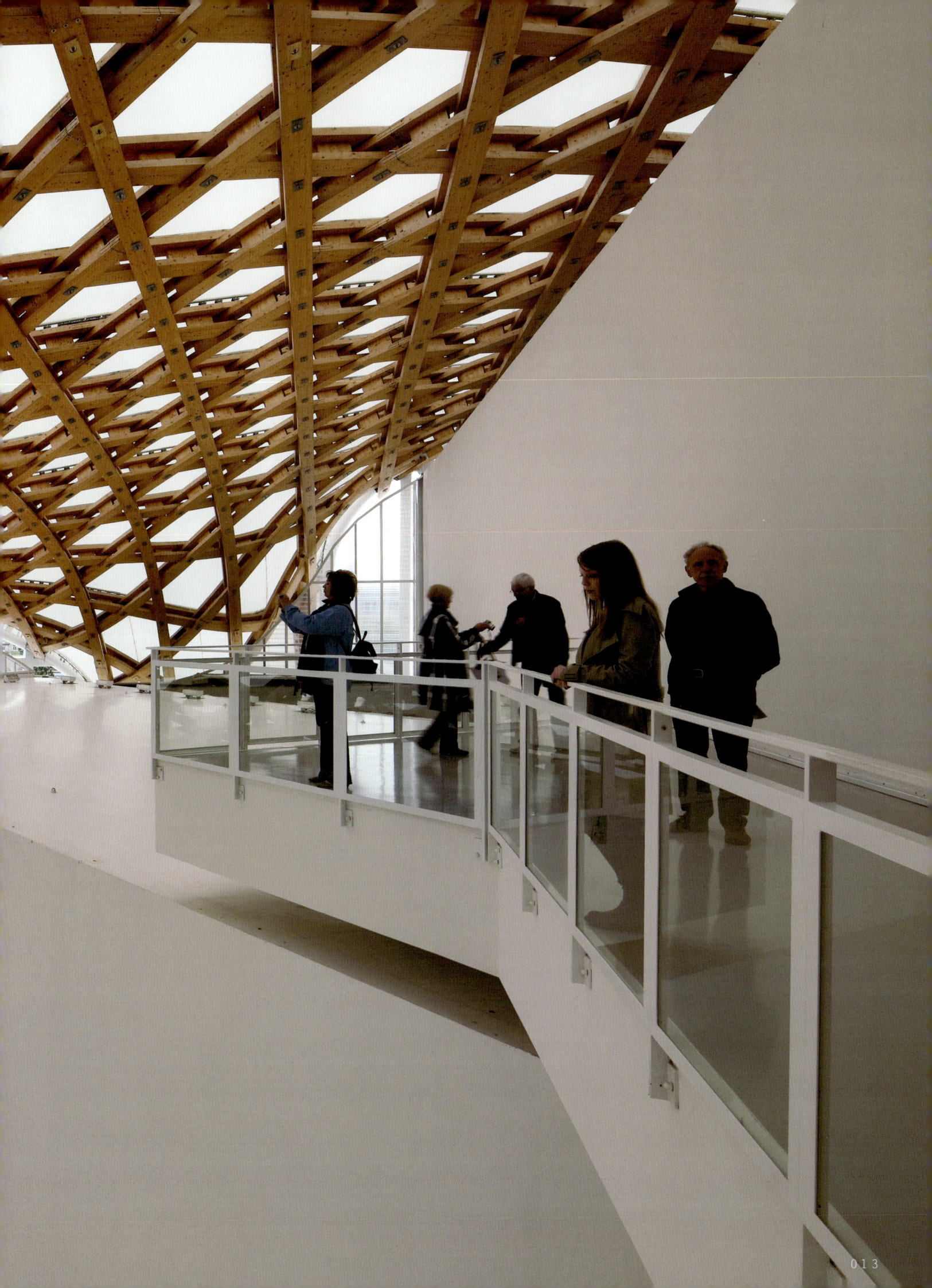

3号长箱型展厅的观景窗将梅斯市区景观收纳框中。天花高5300mm。

从大厅看入口方向,建筑物和广场由开合方便的玻璃门隔开。右手边可通往1号长箱型展厅。

从大厅向下看，玻璃门上部的墙壁是半透明的波形聚碳酸酯透光板。在
梁的上部安设了顶部照明。

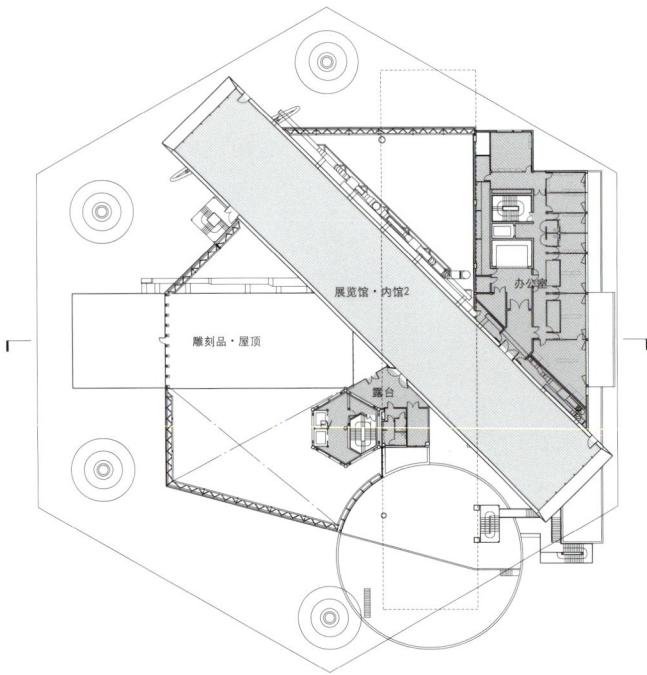

4层平面图

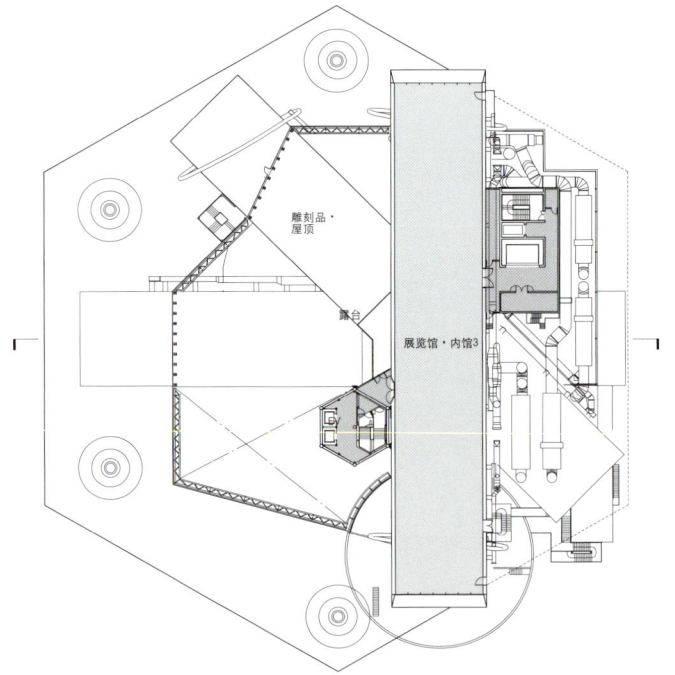

6层平面图

雕刻品·屋顶

展览馆·内馆2

办公室

雕刻品·屋顶

露台

展览馆·内馆3

办公室

露台

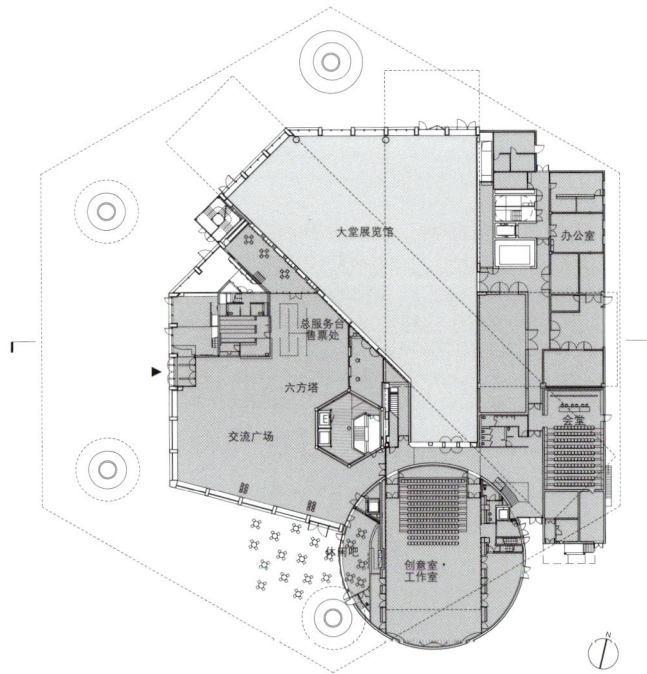

1层平面图　比例1/1200

大堂展览馆

办公室

总服务台
售票处

六方塔

交流广场

休憩地

创意室·
工作室

N

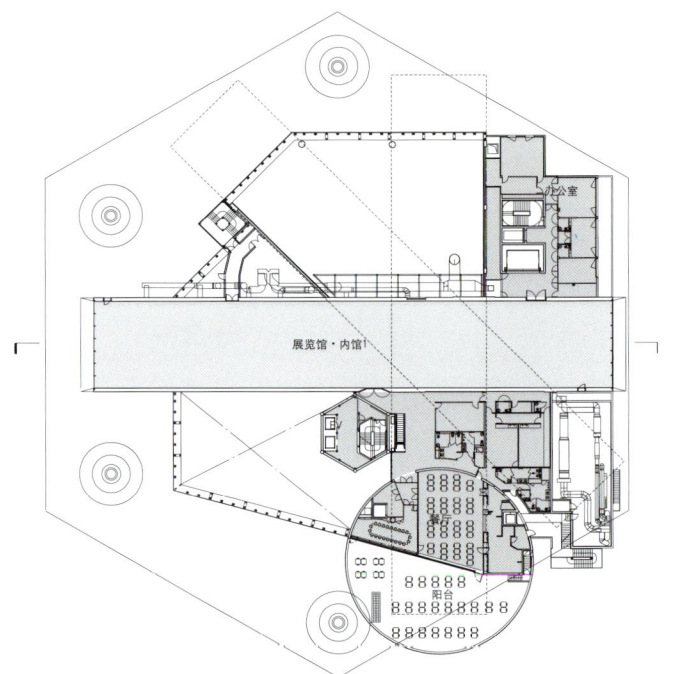

2层平面图

办公室

展览馆·内馆1

阳台

N

从地段南侧看，右手边远处可看到教堂。

总平面图　比例1/6000

马斯中央车站

N

016

长箱型展厅。从观景窗可看到德据时期修建的梅斯2号中央车站。

3号长箱型展厅。天花高5300mm。为保证匀质采光，配合整体天花格栅分隔，在轨道沿线安放了聚光灯。

从1号长箱型展厅看广场方向。

超级展厅。室内最高处18000mm，保证了大型展品的安放。天顶排气管露明。摄影：Didier Boy de la Tour。

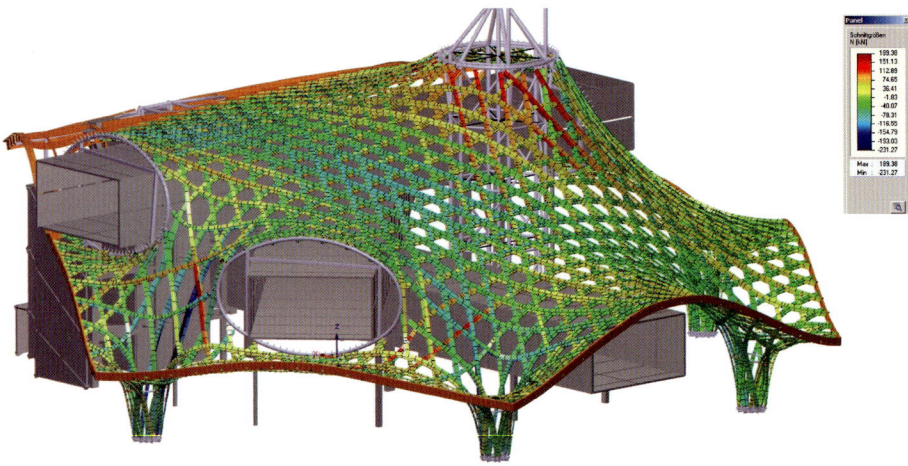

巨大屋顶的结构解析示意图

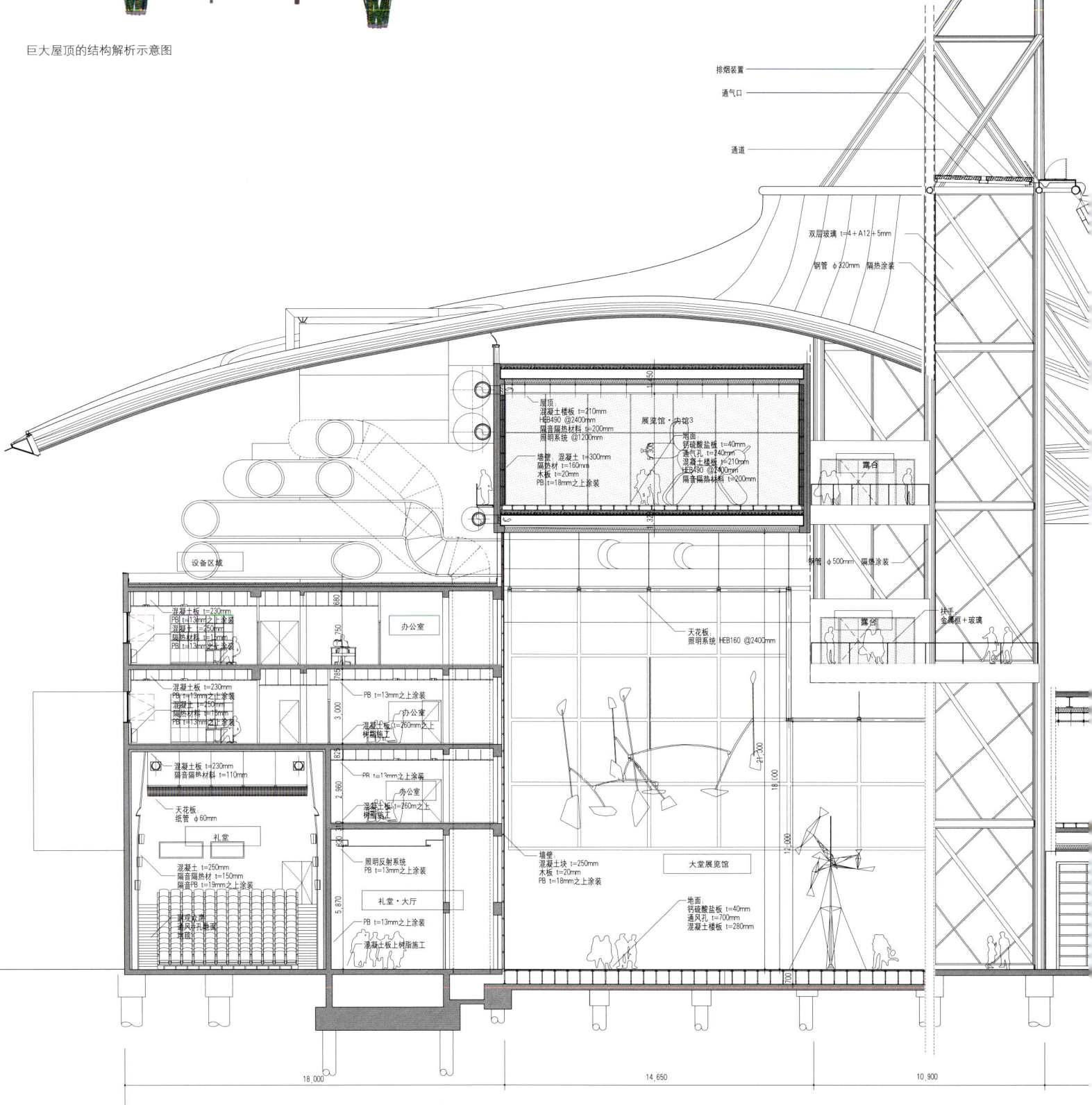

排烟装置
通气口
通道

双层玻璃 t=4+A12+5mm
钢管 φ320mm 隔热涂装

屋顶
混凝土楼板 t=210mm
HEB490 @2400mm
隔音隔热材料 t=200mm
照明系统 @1200mm

地面
混凝土 t=300mm
隔热材 t=160mm
木板 t=20mm
PB t=18mm之上涂装

展览馆·内馆3

地面
钙硫酸盐板 t=40mm
通气孔 t=240mm
混凝土楼板 t=210mm
柱B490 @2400mm
隔音隔热材料 t=200mm

露台

设备区域

混凝土板 t=230mm
PB t=13mm之上涂装
混凝土 t=250mm
隔热材料 t=1mm
PB t=13mm之上涂装

办公室

钢管 φ500mm 隔热涂装

天花板
照明系统 HEB160 @2400mm

扶手
金属框+玻璃

露台

混凝土板 t=230mm
PB t=13mm之上涂装
混凝土 t=250mm
隔热材料 t=mm
PB t=13mm之上涂装

PB t=13mm之上涂装

办公室

混凝土板 t=260m之上
树脂施工

混凝土板 t=230mm
隔音隔热材料 t=110mm

PR t=13mm之上涂装

办公室

混凝土板 t=260m之上
树脂施工

天花板
纸管 φ60mm

礼堂

混凝土 t=250mm
隔热材 t=150mm
隔音PB t=19mm之上涂装

照明反射系统
PB t=13mm之上涂装

墙壁
混凝土块 t=250mm
木板 t=20mm
PB t=18mm之上涂装

大堂展览馆

礼堂·大厅

PB t=13mm之上涂装
混凝土板上树脂施工

地面
钙硫酸盐板 t=40mm
通风孔 t=700mm
混凝土楼板 t=280mm

18,000   14,650   10,900

剖面详图 比例1/250

设备规划

结合建筑设计理念，在巨型屋顶下各种功能的体量以单纯的形式连接，设备管道在体量和屋顶之间的间隙露出，如办公室上方和长箱型展厅的侧下方(超级展厅在天花处)。展厅的空调设备在地板龙骨间，从整体可动的打孔地板送风，整体的吸气和排烟设在天花板中。其管道外露于长箱型展厅的侧面。

长箱型展厅的照明由乔治·本设计。任务要求从天花板往下匀质照明，因此配合整体天花格栅分格，在轨道沿线安放了聚光灯，实现天棚的匀质间接采光。　　　(坂 茂)

从南侧看，左手远处是中央车站。设备配管露出在体量和屋顶的间隙之间。

连接中央车站的交通桥，该地段原为练车场。

展览馆·内馆2

展览馆3　22,320mm

屋顶
PTFE膜
层压板天然木梁
w440mm×d240mm

PTFE膜

雕刻品·屋顶

屋顶
6层压板天然木制梁
w440mm×d240mm

迁移
滚级罩碳酸酯

展览馆2　14,570mm

屋顶：
防水混凝土楼板 t=210mm
HEB490 @2400mm
隔音隔热材料 t=200mm
照明系统 t=1200mm

展览馆·内馆1

地面：
钙破酸盐板
通风孔 t=240mm
混凝土楼板 t=210mm
HEB490 @2400mm
隔音隔热材料 t=200mm

展览馆1　6,950mm

讨论室

层压板落叶松木梁
w440mm×d140mm

GFL ±0

玻璃卷帘 h=5100mm

32,250

10,900

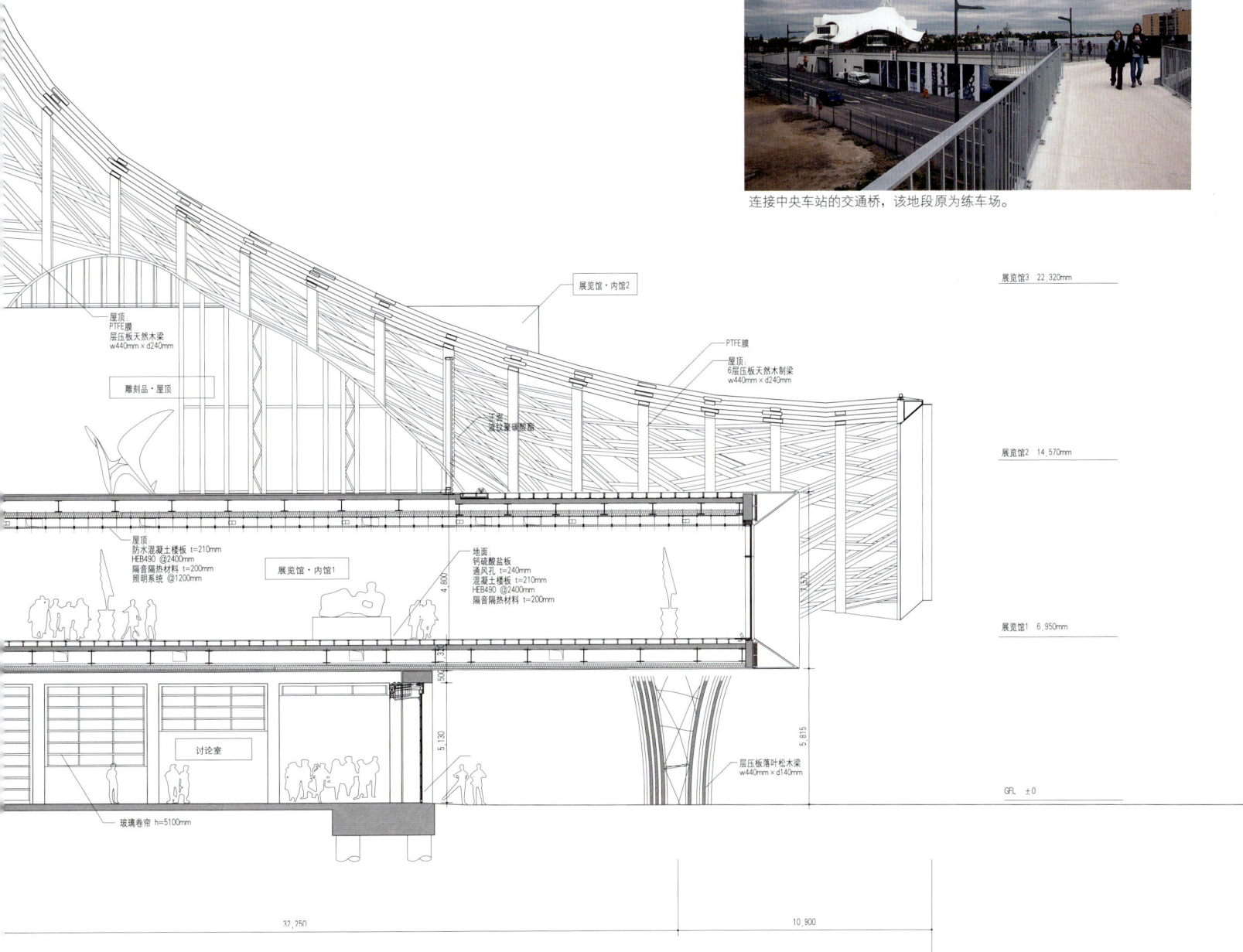

019

从南侧看，远处贯穿的是1号长箱型展厅。

2层的餐厅室外平台。

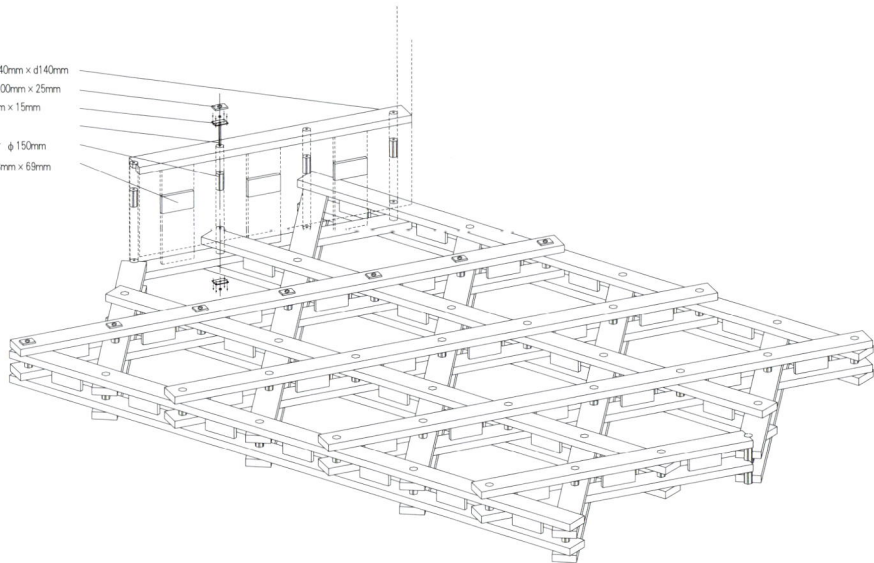

天然木集成材梁 w440mm×d140mm
木制外壳 320mm×200mm×25mm
钢块 260mm×160mm×15mm
螺栓 M24
天然木六边形结节材 φ150mm
木垫片 615mm×328mm×69mm

屋顶构造轴测详图　比例1/150

设计　建筑　Shigeru Ban Architects Europe/
　　　　　　Jean de Gastines Architects
　　　结构　Ove Arup（一期）
　　　　　　Terrell（二期）
　　　设备　Ove Arup / Gec Ingénierie
施工　Demathieu & Bard
基地面积　12000m²
建筑占地面积　8118m²
总建筑面积　11330m²
结构　钢筋混泥土结构　钢架结构　木结构
　　　钢筋混凝土结构
工期　2006年11月～2010年4月
摄影　日本《新建筑》写真部
翻译　张光玮

与蓬皮杜中心携手7年间

坂 茂（建筑师）

命运的竞赛

2003年3月18日，新蓬皮杜中心的设计竞赛结果公布，经过第一次世界建筑师公开书面审查后，我们得以入选六支参赛队伍之一，参加第二轮的设计竞赛。第一次审查有巴黎原馆设计者伦佐·皮亚诺，第二轮有理查德·罗杰斯，获知这个消息时的兴奋之情现在依然记忆犹新。我认为这个项目是对自己最好的挑战，1977年，他们设计的蓬皮杜中心给崇尚造型的建筑界吹来一股新风，将概念与结构结为一体，其变革甚至影响到后来建筑界的走向。据弗雷·奥托（Frei Paul Otto）介绍，皮亚诺和罗杰斯是与奥雅纳（Arup）工程顾问公司的结构师泰德·哈帕德（Ted Happold）合作胜出的。后来又由彼得·赖斯

（Peter Rice）接手，创造出崭新的结构体系。我在学生时代第一次去巴黎看到蓬皮杜中心时，就受到了巨大的冲击与震撼。

后来我对结构设计非常感兴趣，在2000年汉诺威世博会的日本馆项目(日本《新建筑》0008期)上与弗雷·奥托联手，并委托泰德·哈帕德创立的标赫(Buro Happold)工程顾问公司担任了结构设计。这一系列事件，与最后入选蓬皮杜中心竞赛最后六组队伍之一，在我看来都是命运的连线。

在第二轮设计竞赛之际，我们委托了奥雅纳公司的塞西尔·贝尔蒙德(Cecil Balmond)担任结构设计。汉诺威世博会之后，我和奥托联合开发了合成木材的编织结构（Woven Structure）（照片1），在这次蓬

皮杜中心的项目中，作为衍生，并从继承传统的角度考虑又开发了合成竹子的编织结构，和奥雅纳公司的合作是非常重要的。那时与在法国有两个合作项目的法国人让·德·古斯汀和在英国有合作的英国人飞利浦·格姆斯琼组成了团队，我也常驻伦敦，和奥雅纳紧密合作推进设计进程。

最后选出的其他五支队伍是法国的多米尼克·佩罗、瑞士的赫尔佐格&德梅隆、英国的FOA、荷兰的NOX，以及法国的建筑师斯特凡纳·莫平和园艺师帕斯卡尔·克日比尔组成的队伍，每一个实力都很强。

设计理念

最初在作为美术馆设计考虑时，现在世界上的

美术馆设计有两大潮流。一个是被称为"毕尔巴鄂现象"的、以弗兰克·盖里1998年设计建成的西班牙毕尔巴鄂市美术馆为代表，在不知名的街区建造雕塑绚烂的建筑以吸引大量观光客，这是毕尔巴鄂·古根海姆美术馆的巨大成功。但是，这样的建筑也遭到美术界和艺术家们的诟病，认为建筑过于强调自身独特性，而难以展示并欣赏艺术作品。还有一种较为积极的潮流就是改造工业老厂房，让建筑呈中性，作为展示艺术品的最佳舞台。这个手法的代表是伦敦泰特现代美术馆（设计：赫尔佐格&德梅隆，2000年），及美国迪亚艺术中心在2003年纽约郊外建成的迪亚·毕肯美术馆（DIA BEACON）。但是，我希望建造一座不属于任何一种极端的美术馆，不仅便于展示与欣赏，在建筑上也能撼动人心。

为了满足功能要求，本项目将任务书的功能空间以单纯的体量表达出来，它们之间流线明确，相互关系以功能为出发点进行立体安排。

结合任务要求的以15m为模数，各个长度要求不同的展厅被安排在3个宽15m、长90m的简单四方体内。三者围绕着集中了电梯和楼梯的六角塔周边叠成三层。这三条错位的长箱型展厅下方形成的空间成为室内层高最大的超级展厅。这个超级展厅的室内最高处达18m。蓬皮杜中心分馆建设的最大目的就是将巴黎无法展出的其余80%藏品向更多公众开放，所以受梁高只有5.5m的巴黎馆所限不能展示的作品可以在这里展出。三个长箱展厅的端头处理成整面观景窗。地段在车站南侧原练车场内，和站北的中心区稍有错位。而观景窗将城市框入画面，使建筑得到延续。这是只有在这个地段，这个文脉下，对建筑与城市一体化设计做出的解答（见图1）。位于最上层的3号长箱型展厅的观景窗将梅斯市的标志性教堂纳入画面，而2号长箱型展厅则收入了中央车站。这个车站是梅斯市在德据时期完成的罗马风格建筑，是梅斯市历史的重要部分。除了3个长箱型展厅外，创作室的上方还包含一个餐厅的圆形体量、演奏厅、办公室等其他实用功能，都收纳在单纯、封闭的箱型体量内。为了将这些分散的体量结为一体，在上面设计了六角形的木结构屋顶。法国领土比较接近六边形，所以六边形是法国的象征。而六边形屋顶的构造方法受到了亚洲传统的竹编帽子、灯笼等的启发。本来想用稳定的三角形来做，然而若采用三角形分割面的话，一个顶点就要交叉6条线，在构造上很难处理。六角形的话一个结点就只有4

条线了。而且，为了避免使用昂贵的机械金属连接件（具有立体表面且线性材料长短不一，加工复杂），这里采用的是编竹子的方式来组合线性结构材料。这个想法是在1999年汉诺威世博会日本馆（照片2，日本《新建筑》0008期）设计时、偶然看到中国工艺品店的中国传统竹编帽（照片1）得到的启发。当时，日本馆使用纸管组成网壳体，和弗雷·奥托合作进行了结构设计，第一次看到位于斯图加特大学奥托设计的轻型结构研究所时，其拉网结构的魅力和同时产生的疑惑在看到中国的帽子时茅塞顿开。当时的疑惑是拉网结构虽然可以创造富有魅力的三次元立体内部空间，但由于毕竟是线性材料，要覆盖通常意义的屋顶时，还是得做一个壳体的表面。然而看到帽子后，才发现不用拉网，利用可二元弯曲的木材做成网格结构，上面就可以直接覆盖屋顶材料了。木材同时承受拉力和压力，故而既可成为悬吊拉网结构，也可成为承压壳体结构。后来，在宇野千代博物馆（岩国寺，2006年）、今井医院附属托儿所（大馆市，2001年）、今井笃纪念体育馆（照片3，大馆市，2002年）、竹屋顶（美国休斯顿，2002年）、弗雷·奥托工作室（德国科隆，2004年）等项目中，我都连续开发了木（竹子）编织结构。本次蓬皮杜中心屋顶是为集大成的产物。在竞赛期间，由在竹屋顶项目中结缘的奥雅纳公司的塞西尔·贝尔蒙德担任结构设计，当时提案的内容是钢筋和木材混合结构，在竞赛胜出后，发展成了全木结构屋顶。

设计概念的另一个重点在于，内外空间的延续，及其内部生出的空间序列。建筑物一般如一个箱子，从墙壁开始分隔内外。然而，如果有了屋顶，仅仅这一项就产生了空间。近年来的艺术越来越抽象，也加大了一般人群和美术馆的距离。敢于为了某件看不懂的作品而交钱钻进箱子里的人也越来越少了。所以与其做一个箱子，不如首先让大屋顶下的聚会场所成为周边公园的延伸。没有墙的阻隔才能引导人进入，因此建筑的立面采用了玻璃折叠门。密斯在柏林的国家美术馆也采用了全玻璃墙，这样不仅在物理上，在心里上也给人带来一种透明之感。大屋顶下免费的门厅空间可供市民们自由休憩、喝茶、欣赏雕塑和装置等，时而越过矮墙看到展厅中的作品，一点一点通过空间的序列把人吸引到内部。巨型屋顶和各体量之间的中间地带则安放着各种功能性设施。这个聚集人群的大厅空间以及1号、2号长箱型展厅屋顶上的自然光雕塑展示，共计8400m²的

空间都是任务书上没有要求的。其实在竞赛阶段还有3号长箱型展厅上面的一个餐厅由于预算问题没能实现（因为根据法国规范，地面28m以上做一般地面的时候应当按高层建筑的防火规范操作，工程就会变得复杂）。

从竞赛方案到实施方案的变迁

从设计概念获得认可、赢得竞赛，到最后施工完成，工程量巨大。竞赛的胜出很大程度上取决于法国的设计体制，所以通常外国事务所都要和当地事务所配合进行。然而至今已有很多日本优秀建筑师的最后实施方案和竞赛方案大相径庭的例子。这个问题首先是因为日本建筑师在日本的工作环境是非常宽容的，业主都很愿意理解他们，也能够努力共同实现竞赛优胜方案。而在国外发达国家则会遇到很多阻力，如果建筑师不用合理的方式与各种具有敌意的阻挠势力理论的话，设计方案轻易地就会被改动。在日本很多施工单位的默契配合在海外是没有的。而且本来是作为我们合作者的本地建筑师也会不时地火药味十足，变得像是业主一样。对业主来说，预算和工期是最主要要面对的现实，所以，在与业主长期交涉期间，与其听取偶然组合在一起的海外当地建筑师的一面之词，不如索性站在业主旁边直接对话。为了这个重要而艰巨的项目，我决定在当地设一个事务所常驻办事地点。地点设在巴黎蓬皮杜中心的6层平台，在那里建了一个纸管做的临时事务所（纸质临时工作室，日本《新建筑》0502期）。这样近距离与业主交流才能使工作往前推进。而实际上，真正的业主是出资的梅斯市和梅斯周边的郡县（CA2M），我们的工作就在希望建设资金能尽量少的行政业主和希望美术馆能尽量美观实用的蓬皮杜中心业主两者的夹持下进行着。

在调整竞赛方案到符合预算的施工方案时，首先就是缩减竞赛方案超过要求的建筑面积：将屋顶餐厅移到楼下，取消箱型展厅之间的自动扶梯，然

图1：广域总平面图　比例1/23000

而巨型屋顶再精简也还是超出预算1亿欧元（合当时汇率14亿日元）。当时我们就面临着市政府要求变成单纯的钢结构屋顶的压力，一直以来不管遇到什么困难都很支持我的合伙人乔治这时也非常担忧，局势已严峻至无以复加的地步。眼见就要如市政府所愿更换方案的时候，他提出了再宽限两周的请求，前往德国和瑞士寻求有木结构屋顶设计经验的工程师和施工方的帮助。在慕尼黑通过建筑师托马斯·赫尔佐格的介绍，在德国靠近瑞士苏黎世的小村见到了工匠霍茨布·阿曼（Holtzbau Amann）。参观了他们的工厂后，发现他们的设备和技术都满足加工安装我们设计的巨型屋顶的条件，而且他们也很有热情挑战这个史无前例的木结构项目。然而，在结构设计上，至今的方案仍然不能克服超出1亿欧元预算的局面，我向阿曼的技师及同在现场的木结构工程师哈曼·布尔玛解释了我们的设计经过。

事情是这样的，竞赛时代表奥雅纳的结构师塞西尔·贝尔蒙德已升任副总经理，变得非常忙碌，而奥雅纳内部又有多项法国工程，于是负责的设计团队中唯一会说法语的一支便成了我们的合作队伍。此前不久，奥雅纳的明星设计师彼得·赖斯又在巴黎成立了RFR结构设计事务所，而巴黎是奥雅纳在发达国家的首都中唯一没有分公司的城市。不管什么项目，我都会在全世界选择最合适的结构师，这次虽然指名塞西尔，却由于对方的忙碌不能参与，而且我感觉在伦敦和巴黎之间列车来往也算愉快，结果就变成和一支偶然遇上的团队合作进行结构设计了。然而奥雅纳最后做出来的方案却偏离了我的设计意图，原本设想的是用木结构编制成头盔状，曲面由上弦、下弦两根合成材通过宽幅木质支撑捆绑成空腹梁拉网结构，而奥雅纳的方案却取消了支撑，直接在上下弦材之间加了一根中弦材。施工图设计时考虑到施工方便接受了奥雅纳的这个方案，而实际上却也增加了预算。布尔玛遵照我的原设计思想重新做了设计后，结果正好符合预算资金。

与业主和施工单位的斗争

这之后就开始了招标，不出所料，梅斯市最大的施工集团得到了合同，而这也正是艰难旅程的开始。开工后虽然设计上大体的意向被对方接受，却为了节省施工费用多次要求变更方案。在施工图尚未完工之时就开工，而且不经我们同意就擅自更改方案。当然我们提出了抗议，对方却根本不听，作为业主委托设计者的我们竟然变成了要听从施工单位各种要求的一方。作为业主代表的市长独揽大权20年，和施工方的关系也非同一般。这种与业主和施工方都敌对的异常状况最后以奥雅纳的介入收场。

然而困难接踵而至，业主企图拆散我们这个一直以设计优先、与施工方作对的设计团体。先是与合作者乔治解约，将别的大事务所安排进来和我们合作。总之就等于架空了我们的权力，根本没有办法管理现场，而他们企图按照业主与原施工单位的想法继续进行。于是我们选择了与业主彻底宣战的道路，委托了在建筑纠纷方面能力卓越的律师——事态陷入僵局。正在那时，我们注意到两个月后就要进行市长换届选举，看来只有更换市长才能解决这个问题，于是我决定把决断权交给命运。最后，这位掌权20年的右派市长终于倒台，新的左派市长诞生了。如我们所期待的，新市长为收拾局面解除了团队变更，确立了合作关系。然而，谁料到前市长又担任了梅斯市附近另一个业主郡（CD2M）的县长，在新的体制中与左派市长对应的，县长作为右派代表被选中，拥有绝对权力及诸多事务的决定权。事情还是像以前一样受到了重重阻挠。

市民的纪念碑

过去在日本，建筑也被政治家作为保持在当地权力的砝码，公共建筑和质量无关，而是本地政绩的利益体现。因此，设计通常委托毫无质量可言的特定设计事务所，施工单位也是在后台操作或者为了选举而挑选出来的。在法国，建筑作为政绩的方面和日本虽然类似，建筑的质量却非常受重视，他们从世界上招募杰出的建筑师，志在建设名垂青史的纪念碑。不管是否外籍，是否太年轻，是否没有同等规模设计经验，都愿意用自己的眼光挑选建筑师并给予机会，这样重视艺术的国家恐怕全世界首推法国。日本至今还是以关系和背景为重，美国则是喜欢明星建筑师。在这个意义上，开幕式与萨科齐总统一起揭幕的时候，听到给予我们如此机会与厚爱的法国的国歌时，我情不自禁地流下了眼泪。而同时在日本却根本没有这种机会，想起以前设计JR田泽湖站的时候，连开幕式都没有邀请我去——当然在田泽湖町也没有人认识我。不过现在，只要我去到梅斯，就有很多市民在街道上碰到我跟我说"太棒了！""谢谢你给我们的城市带来这么美丽的建筑"之类的话。虽然我还做了一些不是特权阶层纪念碑的灾后临时建筑，不过这个蓬皮杜中心感觉真的是为市民所建的纪念碑。

照片1：巴黎的中国工艺品店看到的帽子。　照片4：竞赛期间塞西尔·贝尔蒙德提案的钢木混合结构屋顶。（照片1和4提供：坂茂建筑设计）

照片2：汉诺威世博会日本馆

照片3：今井笃纪念体育馆（照片2和3提供：日本《新建筑》写真部）

延续手的感觉

坂 茂（建筑师）× 北山恒（建筑师）

摄影：Youngo Kim

★视频请访问：
http://www.shinkenchiku.net/sk/

坂茂（左）和北山恒（右）于梅斯蓬皮杜中心。

——竞赛伊始至今已年过7载，梅斯蓬皮杜中心终于完成，今天请北山先生就实地参观后的感想，坂先生从竞赛开始的历程、法国的建筑做法，及两人对建筑的思考等广泛地展开讨论。首先请介绍一下梅斯的城市特征和历史背景。

坂茂（以下简称坂） 　梅斯是最靠近德国的城市，历史上战争期间几度被德国占领，现在也留存有大量军事设施。所以对法国人来说，提及梅斯，军事设施的印象非常强烈。德国占领时期建造了大量建筑，因此也呈现出德法建筑特色交融的独特街区风貌。车站也是德据时代的产物，具有很厚重的新罗马风格。由于地理上的优势，到德国、瑞士、卢森堡、比利时等欧洲国家都非常方便。

北山恒（以下简称北山） 　看了实际建成的作品后，感觉的确实现了竞赛阶段提交的方案设想，在将公共设施作为政治工具的法国，实现这一点恐怕经历了很多斗争吧。

坂 　确实是这样的，在法国，建筑被当作政治的工具，建筑师不和当事人及施工方顽强斗争的话就做不成建筑。他们完全没有像日本这样业主和施工单位共同抱着一个目标协作完成项目的意识。从竞赛结束，开始施工设计就不得安宁了。（笑）

北山 　从外人的角度看，会以为业主是蓬皮杜中心，而且坂先生也在该中心平台设立了临时事务所（纸质临时工作室，日本《新建筑》0502期），感觉和业主的关系很好，是一个条件非常优厚的项目。而实际上深入了解的话，才知道业主实际上不是蓬皮杜中心，而是梅斯市政府，而且周边的郡县也牵扯其中，中途还改选过一轮市长，在各种政治风波中走到最后，知道这些才稍微明白了其中的艰辛。

坂 　竞赛时期，蓬皮杜中心的主管布鲁诺·南希是一个很通情达理的人。我们赢得竞赛后，只是开玩笑似地跟他提及在巴黎蓬皮杜中心开个临时事务所的事，没想到他觉得"非常有趣"，并表示赞同，这才有了那个临时事务所。这个项目是由提供意见的蓬皮杜中心和出资的市政府两个业主共同构成的，一方希望建好美术馆，对造型要求很高，一方则紧密控制预算。当时的梅斯市长很想要那顶蓬皮杜中心的桂冠，却想以最省钱的方式得到。所以当木结构屋顶超出预算的时候，就要求我们改成钢结构的，而且还把与我合作的法方建筑师炒了鱿鱼，

再安排本地大事务所来挤兑我。本来是一个与当地联合完成项目的团队，后来等于是把我架空，为了避免这种情况继续，我们最后决定聘请专业律师与市政府抗衡。这样一来，不仅设计费的支付告停，施工也中途断掉。蓬皮杜中心原计划于2007年30周年纪念的时候开幕的，由于上述理由推迟了3年。这种停滞状态最后托市长选举失败的福，稍微得到改善，不过新的市长是左派，而郡县势力最强的还是右派，如此错综纠结，决策仍然不能顺利推进。

我在日本几乎没有公建项目的经验，日本的公共建筑程序也是这样么？

北山 　日本也有如山本理显的邑乐町役场厅舍（日本《新建筑》0909期）那样、因町长更换而导致建设停工的状况，公共建筑作为政治的工具，就算取得竞赛胜利，监理也由其他事务所代理，方案最后被改动的情况也很多，危险性还是很高的啊。

坂 　这是世界上的通病啊。尤其法国的政治家们喜欢把自己的名字和建筑绑在一起，在政治筹码之外，个人丰碑的意识更胜一筹。蓬皮杜中心也是乔治·蓬皮杜总统的杰作。

在单纯的机制下作业

北山 　以前我见过坂先生自己做原大细部模型试验的场景，坂先生就像工匠一样亲自动手推敲营造方法。这次也是和奥雅纳（ARUP）的结构师一起探讨实际的建造方法来推进设计，保持着一贯的设计态度。

坂 　说到结构，一般都是表现交接的地方，不管结构师还是建筑师，总是加入一些没有必要的悬索和线性材料，就是想做看起来复杂的东西嘛。我也觉得再增加一些张力梁的话，可以增加气势，挺好的。但是我感兴趣的是避免采用特殊接头和技术、在没有技师的情况下也能组装的结构。

北山 　我是看着坂先生沿着这个原则一步一步走过来的，而这次的木结构屋顶是一个很奇怪的形状，很容易让人觉得比较牵强。但是，去实地看过之后，发现实际上是用非常单纯的手法完成的。如果这个造型采用复杂的结构形式的话就又是另一幅面貌了吧。

坂 　这个屋顶是纯几何形的集合，它的水平投影是一个正六角形。只是从上

往下张拉变形而已。因为变形是很规律的，所以在解析上、施工上都很方便。整体平面及屋顶的合成材图案都是六角形。屋顶更准确地说是由六芒星（又称大卫星、犹太星，Star of David）构成的。当然，光是六角形的话平面不固定，会产生变形，引入三角形就保证了刚性。本来只要在上面贴覆面材就好了，并不一定要使用这个项目采用的覆膜结构。六角形模式是很合理的，而且由于法国国土呈六角形，是法国的象征，在竞赛时我提到这一点也引发了他们的爱国热情。

北山 用简单的原理构成整体，而不是为了做复杂的形状，很有意思。这样大规模的建筑也不需要任人摆布，在结构、构造上全权负责，真是坂先生的风格。边动手边在脑海里构思，大概就和学生设计的感觉很接近吧，在现在的建筑中，这种动手的感觉渐渐消失，几乎看不到建造方法，只是通过电脑造型技术堆砌出来的形状。坂先生做建筑的原则在现在这个时代是很特殊的。

坂 伦佐·皮亚诺在设计关西国际机场（日本《新建筑》9408期）时，为了让不锈钢屋顶的网格能全部统一为同样的几何形，费了很大劲去推敲。虽然现在只要提交电子文件，工厂马上就能以各种方式切割出来，但我很喜欢他的这种思考方法。而我还是觉得建筑师也好，结构师也好，探索能够尽量节省材料和施工的方法是很有意思的。基本上没什么兴趣用最先进的电脑技术来完成所有工序。

北山 就算所有材料都预先切割好，实际组装的时候还是要靠工人，我对电脑也抱有怀疑的态度。坂先生和那些先做形式、不考虑建造的建筑师的不同之处，就在于他是从实际施工的角度开始思考的。

坂 现在各种技术进步加上结构的各种可能性都在扩大，不过不合理的方面也在增长，结构合理性的价值似乎正在逐渐被忽视。主张合理的必要性的结构师也在减少啊！

北山 就像建筑从极少主义向巴洛克转变一样，当今世界潮流是视觉欲望的膨胀。然而，就像巴洛克达到极限忽而消失一样，这背后也会有潮流最后会变成陷阱的不安感。现在正是青黄不接的时期，渐渐地大家也开始醒悟过来，在我看来真是很有意思的事情。

实际上，我觉得梅斯蓬皮杜中心项目进展期间就是巴洛克甚嚣尘上的时候，当时我觉得坂先生也正在向那个方向发展呢……（笑）但实际现场体验后，觉得坂先生还是保持着一贯的作风。不过钢筋混泥土结构加拉网结构的建筑方法，

并非出自原理主义而是一种柔性对策吧？

坂 从奥雅纳开始，英国的工程师们都习惯采用钢结构做设计，法国是混凝土的国度，钢混也比较便宜。巴黎蓬皮杜中心当时也不是由法国的钢结构公司做的，当时有日本和德国两家公司竞标，最后由德国竞得。这次的长箱型展厅一般也会觉得用钢结构比较好，但是施工方是法国的，所以为了省钱最后采用了钢筋混凝土结构。

北山 这也体现了文化背景的影响吧。

建筑的伦理与公共性

北山 去之前我看过建筑单体的照片，实际进去之后在长箱型展厅内看到城市轴线，才明白为什么展厅的角度要旋转。总之建筑在城市中的位置也是很重要的。

坂 现代建筑常常不分场所在哪里都建得一样。而我希望建造此时此地的建筑，也希望和街区找到联系。然而，地段位于车站北侧的空地，是个什么都没有的地方，和街区的联系也很弱，于是我就通过操作三个箱子的角度，用观景窗把街区的象征性画面框进来。同时，三个箱体错位也让出了屋顶平台，作为雕刻展示空间，可以供人从空中天桥眺望。这样也比要求的展示面积多出约1000m²。既然好不容易建了木结构的屋顶，创造出两重的空间，就希望有效地利用，并且也成就了自然采光的展示空间。

北山 从中可以看出坂先生的建筑伦理观以及建筑的公共性。努力退去建筑的个人化，因为个人化是单纯将可表现的东西言语化，而努力去增加那么多的展示面积，是很"坂茂"的。有理有据，做出来的东西才能有说服力。

坂 我这样的思考方法应该是受美国教育的影响吧。在汇报的时候，一定要用自己的语言说清楚为什么要这样做，而好看或不好看是不会得到认可的。回到日本刚开始当老师，在听到设计了曲面的学生用非常平常的语气说"因为这样好看"的时候，我不禁大吃一惊。而老师们也会拍拍学生的肩说"为什么一定要找个理由""学生凭感觉做不好么"之类的话。我解释说，实际上感觉这个东西不需要打磨，会一直留着，而构筑理论的能力却需要训练才能获得，所以学生时代必须

关西国际机场客运大楼。（设计：伦佐·皮亚诺　日本《新建筑》9408期）

德据时期建设的梅斯中央火车站。

要经过这样的训练，但日本还是普遍比较缺乏这方面的教育。

北山 我现在执教的Y-GSA（横滨国立大学研究生院/都市设计学院）还比较好，不说别的，光是强调说理，一直要求学生透彻说明这一点在日本的教育界都是罕见的。

坂 不仅仅是样子漂亮就好了，今后作为建筑师来说这个态度是很重要的。

北山 公共建筑必须理性，从坂先生的建筑可见一斑啊。而且市民们也很容易接纳坂先生的理念。箱体轴线与老教堂或当地的车站对齐，上面用柔和的木材构成的大屋顶覆盖。走进去置身其间，与其说是亚洲的，不如说是雨季的感觉，我原来觉得可能和西方不是很搭调，但实际去体验过后，却被这个巨大的木屋顶感动了。

坂 欧洲人天气再冷也要在露天平台上喝茶，过渡性的灰空间对他们来说是最舒服的了。所以大屋顶下面的半室外空间对他们来说也确实没什么值得稀奇的。

北山 我们一起去参观的时候，看见路过的市民们一个劲地喊着"真棒！""一起合个影吧"等等，日本的建筑师这样被人喜爱、给予这么高的评价，真的非常高兴。取得民众的喜爱比任何事情都更有说服力。

坂 非常荣幸。我开始为赈灾活动设计临时建筑也是源于那时候开始感到建筑师老是为特权阶层服务，建造些纪念碑式的房子，根本没有给市民做什么事情。这次得到那么多当地人的爱戴，遇到每个人都和我打招呼，感谢我给他们带来这样好的房子，对我来说真是第一次遇到，在日本几乎不可能出现啊！

北山 出梅斯站就看到坂先生的大幅照片张贴在外面，吃了一惊。当地人真的非常重视建筑师。

"通俗易懂"的价值

北山 实地看过之后我感到很欣慰，其实去之前是有点担心的。一是这个建筑看起来有点类似巴洛克风格，二是造型只是一个屋顶加上几个轴线突出的形体，显得过于简单。但实地考察过后，才觉得建筑的通俗易懂是将权力交给市民的体现。

坂 我认为建筑的"合理性"和"通俗易懂"是非常重要的。文化、宗教等不同

价值观的人都可以理性地沟通。现在世界发展的潮流是表现建筑师的个人主张多于通俗易懂。建筑师先是从住宅建筑入手，渐渐扩大到大规模的公共建筑设计。从20世纪后半叶开始，就常常出现这样的例子：没盖过一栋房子的人以概念设计赢得竞赛后，一下子就负责建造一个大规模公共建筑，接着就成为明星建筑师。学生们就会想"搞一个很酷的形状，这才叫建筑！"所以大家都对结构和材料没有什么兴趣，光想着要做一个独特的造型，日本不就是这样吗？

北山 我也担任毕业设计竞赛的评委，最近倒是觉得抄袭流行建筑师的设计作业越来越少了，更有计划性、讨论原始理论的学生开始多起来。学生们开始变得对与暂时的炫酷造型相反的方向敏感起来，觉得大家好像都在向那个方向发展。在现在这个信息过剩的年代，大概追随潮流已经变得乏味起来，反而是读读老杂志，翻翻亚历山大的《建筑模式语言》（日文版1984年，鹿岛出版会）、文丘里的《拉斯维加斯》（日文版1978年，鹿岛出版会）、《建筑的矛盾性与复杂性》（日文版1982年，鹿岛出版会）等经典名著的学生不少呢！

坂 这和海外的学校完全不一样。我们读书那时候，普林斯顿清一色的黄色草图纸、彩色铅笔和后现代建筑。我的母校库伯联盟则受以约翰·海杜克（John Hejduk）为首的纽约五人组(白派)的影响，追随柯布西耶和密斯的现代主义。前段时间到好久没去过的库伯联盟走一遭，还是一样很少有人用电脑画图，都是铅笔画加做模型。另一面，若是去哥伦比亚看的话，则电脑当道，根本不做模型。现在我在哈佛教课，看到学生都直接在电脑上建三维模型，吃惊不小，我觉得那可不算做模型啊！

——坂先生一直都抱着刚才提到的让建筑变得更加"通俗易懂"的态度来做建筑的么？

坂 回到日本后，我举办了几场展览，通俗易懂的重要性是跟埃米利奥·阿巴斯（Emilio Ambasz）学的，他非常善于构筑这样的理论。比如他在获得竞赛一等奖但未能实现的塞比利亚世博会(1992年)规划中所展现的：那个地方也是一无所有，他掘土挖池，堆山造景。这个设计是哥伦比亚为庆祝建国400年建造的展现各国造船技术的展馆，那些船从海上过来停在池中，就成了展馆。而展期结束后各船返还各国，原地就作为自然公园使用。问题出在这里：如果采用这个

向站前广场伸出的长箱型展厅1。

从南侧看。

纸的教会（设计：坂茂建筑设计，日本《新建筑》9511期）

方案的话，船即为展厅，就没有西班牙的施工单位什么事了，结果方案受到反对而没有实现。可是他当时的汇报不管是工业设计还是建筑设计，都条理清晰地一条一条讲出道理，非常容易理解，我觉得自己受到了很深的影响。

北山 梅斯蓬皮杜中心也遭到了很多反对，最后实现了最初的想法，也是因为非常详尽的说明吧？有些说不清楚的地方，尤其在海外特别容易走样。

坂 是的。如果不先讲清楚，后面就很难控制了。不知道什么时候就变样了。

北山 如果仔细看格子、细节等，就算是坂先生监督施工的也还是有很多达不到日本建筑细腻度的地方。我想施工技术确实是有界限的。不过巴黎的蓬皮杜中心为什么就能达到那样的水平呢？

坂 在法国，聘用一流的施工单位也不是不可能达到精密施工的程度的。而与市政府错综纠结的地方施工单位则执行的是客户、也就是长官的意志，不仅不照图施工，还拿着没有得到我们签字认可的图纸擅自开工。我们有过斗争，不过毕竟是已经投资方认可的事情，所以也没什么意义。但施工还没有完全收尾，入场人员就已经远远超过预想，6天中达到5万人次，市长大喜，又跟我说要追加施工。

从自然灾害现场学到的

——最近海地、拉库拉等地灾害频发，您是怎么考虑建筑的存在方式的？

坂 我一直都很喜欢和学生一起做事。北山先生就是一个很好的榜样，做一个建筑师型的教授，我在美国就是受到了这样优秀老师的教育恩泽，也想返还给学生。我认为教育的影响是非常大的。虽然在每个国家都有为了生活或者社会地位而教书的人，而我认为边教学、边实践是非常重要的。而且作为建筑师不够活跃的话，学生也不会跟着来呢。而且学生什么问题都敢问，一点儿也不拘束。我也觉得为了教学生，使建筑通俗易懂也是非常重要的。北山先生的建筑也常常使用已有的材料，非常容易理解。我在国外受到了对各种文化的人都能简单说明的教育，不单单是美国……

北山 这种态度是应该的。说伦理感也好，社会性也好，建筑这个东西并不特别，是作为在一般社会普遍存在的事物而建造的。

坂 我也这么认为。就是因为有这个共识，今天才很荣幸和北山先生见面。而这样的建筑师在全世界也是少之又少啊！

北山 我看现在把建筑看作社会中万事万物的伦理感，也逐渐在建筑师中间丢失了。像日常生活使用的住宅也常常被套上非日常的形式，采用不合理的结构，毫无理由地造成一种不稳定的状态，为此再花上大把的钞票，这种住宅在杂志上简直是屡见不鲜。

坂 我们建筑师本来就是给有钱人和政治家建造纪念碑的，把看不见的政权和财力，用视觉化的建筑来表现。特别是自20世纪下半叶开始，建筑还被当成了开发商的商标。不仅仅是纪念碑，建筑师的设计和名声也变成了附加值。这是一个崭新的时代，也正因如此，我虽然不是医生也不是护士，却希望使用自己的专业知识为社会的返璞归真尽力，哪怕作用很微弱，所以开始了支援灾区的工作。我也很羡慕和自己同代的、有大量项目又拿奖的其他建筑师，曾经也嫉妒过。虽然那时候还曾对北山先生说过比较尖刻的话……（笑）不过我相信自己认定的方向，并全力以赴地想要尝试一下，后来"纸的教堂"（日本《新建筑》9511期）就获得了"每日设计奖"。那虽然不是建筑专门奖，不过和三宅一生、仓俣史朗等自己尊敬的人一起获奖，非常高兴。于是从那时开始肯定"我的这个努力方向是对的"。之后我就能坦然面对别人拿大项目、获大奖之类的事情了，现在也如此。

——当时被说了什么难听的话还记得吗？

北山 记得啊。那时候事务所还只有三个人，在附近偶遇坂先生，他就来事务所参观。那时候我们搞的建筑确实比较商业吧，坂先生看了之后说"不能做这样堕落的建筑啊"。我觉得被这么说是件好事，他的批判是中肯的。后来我在住宅设计中开始朝着日常设计的方向努力。我觉得坂先生组建的Voluntary Architects' Network（VAN，建筑师志愿者网络）活动非常有意义，对作为工作人员参加活动的学生来说，也是人生的一大成长体验。

上：尼古拉斯·G·哈耶克中心（设计：坂茂建筑设计，日本《新建筑》0710期）
下：摄影师的卷帘门之家（设计：坂茂建筑设计，日本《新建筑住宅特集》0403期）
通过玻璃卷帘门使内外连续

景窗之家（设计：坂茂建筑设计，日本《新建筑住宅特集》0403期）。摄影：日本《新建筑》写真部（除特记外）

坂 北山先生1995年被横滨国立大学请去做讲师的时候，我们的关系开始变得比较近。1995年在阪神大地震中做"纸的教会"时，志愿来参加的几乎都是学生。

北山 很多学生都参加了，其中还有大学中途退学的学生……过着学校生活的学生从家长手里拿钱，这样的活动能让他们把建筑当做更严肃的事情来理解。现在坂先生做的事情是比较艰难的，严酷的灾害现场可不是闹着玩儿的，这种工作有很多常人难以理解的方面。我觉得这也是建造方法的回归，是不是在现场体会到了不能任性地做建筑呢？

坂 一面赈灾，一面在建筑上玩花样，大概会被诟病吧。（笑）

北山 如果看不到这两者之间的联系，可能就没有今天的谈话了。实际上看起来很假的屋顶下如果能做餐厅等活用一下是很好的，只可惜法规方面有限制而没有做成。

坂先生的建筑通常采用这样一种方式：与其说是普遍性，不如说是有其自身原型的、很犀利。我也很想模仿，不过就是步坂先生的后尘。这次的项目不应该算是原型，感觉是一种特殊的解答。

坂 确实是这样的。这次这个不是原型，而是原型的集合。（笑）用玻璃卷帘门连接内外、屋顶、观景窗等的设置，是把迄今为止用过的原型都集合起来参加了竞赛。

北山 好像是啊，卷帘门作为建筑的重要装置使用是个很罕见的手法。

坂 我有时候会把东西换一个方式使用，或者喜欢去发现它其他的功能和意义。比如说在分隔内外空间的时候，如果用推拉门的话又大又重，最后就会变成没有人愿意开启，所以大开口使用卷帘门就可以提高使用率。项目中用的是德国制造的现成产品。

在海外做建筑

——今后的项目会是什么样的呢？

坂 现在几乎都只有海外的项目。（笑）

北山 日本的建筑师在国外获得人们的好评与尊敬，是很难得的吧？

坂 这也和在当地设立事务所、一直都在现场不无关系。虽然很辛苦，有很大经济压力，但实际上去做了之后，以那个地方为根据地的意义更大。身处日本而通过当地建筑师配合来操作是达不到同样效果的。虽然这样也使日本的项目变没了……（笑）

不过在欧洲工作也是非常开心的。反过来，在日本和美国就感觉有很多限制。首先美国最大的问题是没有制造商，所以不能做新东西。所以像伦佐·皮亚诺的项目可以花钱先在欧洲订做了运过去组装，而没有钱的小项目就不行了。还有一个就是法律责任的问题，一旦出现什么事就有可能被告上法庭，所以很难做实验性的新东西。若是在日本的话，有制造商，也有施工能力，但因为是很远的岛国，不能很自由地使用国外的材料，也不能很便利地与国外工程师合作。这些要是换在了欧洲，就是瑞士结构、德国施工、芬兰木材、英国工程师，连续的大陆地理环境让你能利用欧洲所有的好东西，非常完美。

法国的厉害之处还在于聘用了像我这样没做过如此大规模美术馆建筑的建筑师，只是因为竞赛而被选出的，给一个没有实际成绩的人以机会，这在日本是不可能的，美国也没有。蓬皮杜中心的伦佐·皮亚诺和理查德·罗杰斯参加竞赛之时也只有三十多岁，我认为这是法国非常独特的地方。当然和机会同等的辛劳也在等着你……（笑）在这个意义上，欧洲是一个训练场，机会与艰苦同在，我喜欢能够和各种人一起工作。作为建筑师，如果不常常把自己放在面对挑战与接受训练的位置，安于在日本这样稳定的社会作为建筑师获得一定的社会地位，我觉得建筑师的生涯也就半途而废了。现在还是需要大量学习的时期。

（2010年6月8日，于architecture WORKSHOP，撰稿：日本《新建筑》编辑部）

翻译：张光玮

武藏野美术大学 美术馆·图书馆

设计　藤本壮介建筑设计事务所
施工　大成建设
所在地：东京都小平市

MUSASHINO ART UNIVERSITY MUSEUM & LIBRARY
architects: SOU FUJIMOTO ARCHITECTS

从旧美术资料馆中望向新馆，外墙开口的位置由周边樱花树、涩叶树形的结构确定，观众能够通过开口与树枝连通。

向大台阶方向看。外侧的木材经过不可燃处理，室内的书架使用日本椴木合板，外墙的角部都以由MPG金件夹紧固定的玻璃。

从1层开架图书室向东向看。厚约900mm的书架层层重叠。入口周围的开架空间有两层高，上部有天桥连接，各个角落都放置着大学所收藏的著名椅子。

穿过书架之间的开口，连接各个方向的天桥到处都配置了网络端口，天桥除了固定在书架上，还由直径20mm的圆钢柱支撑。左下方可以看到服务台。

哲学
Philosophy

从2层开架图书室向西侧看，书架开口高度根据位置不同从1700mm到7700mm不等。

从1层开架图书室向鹰之台大厅望去。家具制作由INOUE INDUSTRIES承担。桌子面板采用LSL材。

从1层开架图书室的大台阶前向服务台望去。天花板铺着半透明的聚碳酸酯复合板。

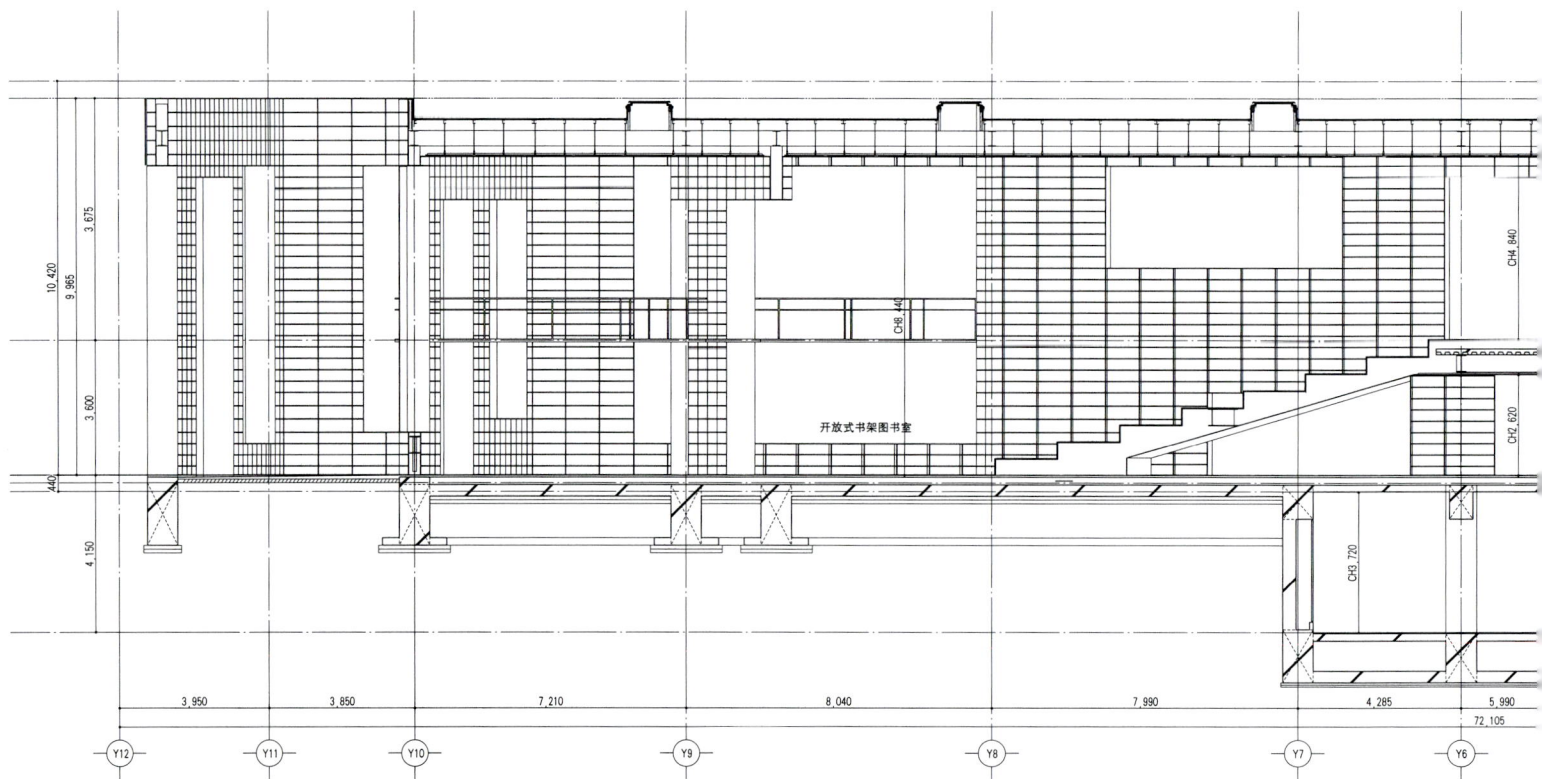

剖面图　比例1/200

从2层开架图书室南侧深处看。图书分类从中心呈放射状，在远处将视线分散。

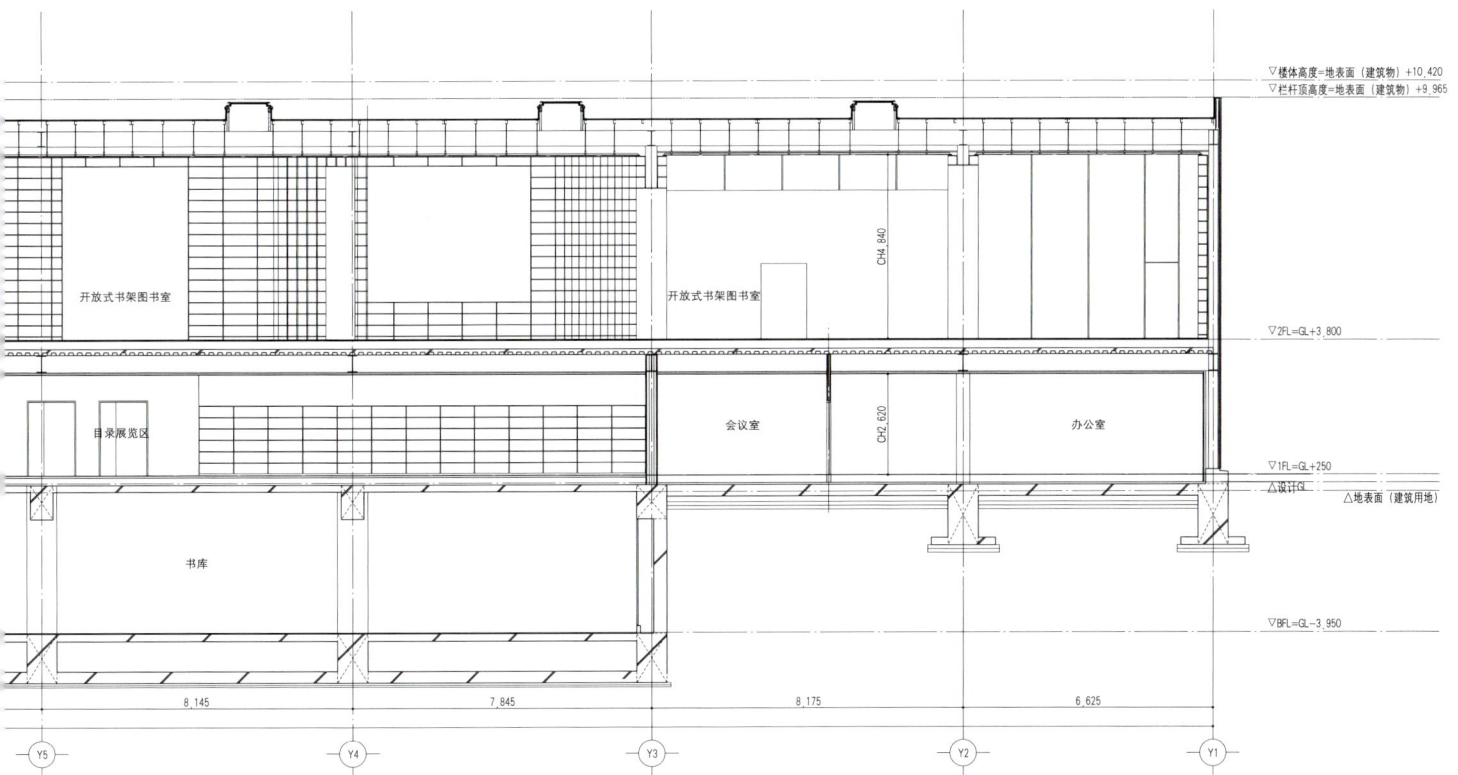

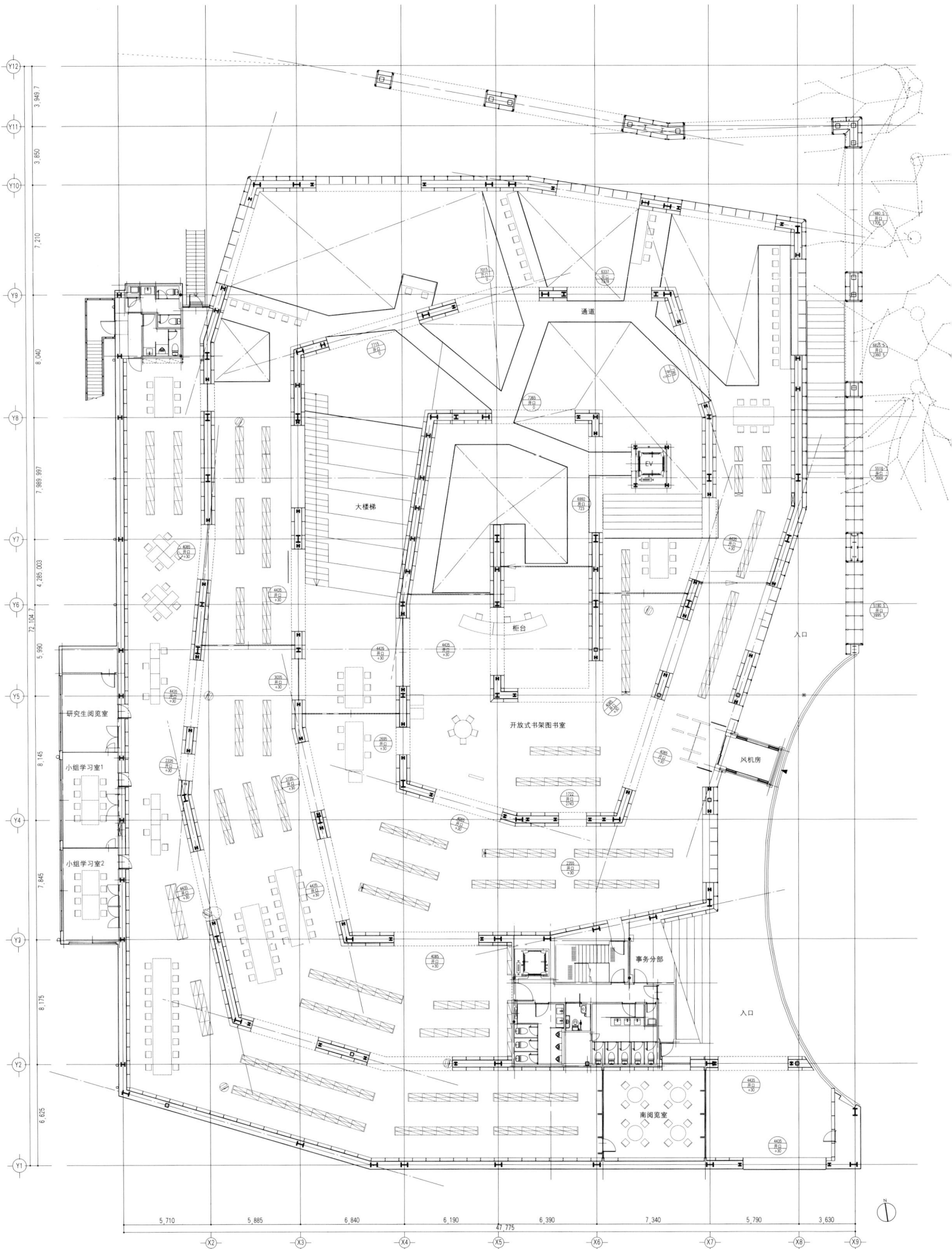

研究生阅览室
小组学习室1
小组学习室2

大楼梯

通道

EV

柜台

开放式书架图书室

入口

风机房

事务分部

入口

南阅览室

Y12
Y11
Y10
Y9
Y8
Y7
Y6
Y5
Y4
Y3
Y2
Y1

3 949.7
3 850
7 210
8 040
7 989.997
4 285.003
5 990
8 145
7 845
8 175
6 625
72 104.7

5 710
5 885
6 840
6 190
6 390
7 340
5 790
3 630
47 775

X2 X3 X4 X5 X6 X7 X8 X9

N

2层平面详图 比例1/300

设计　建筑　藤本壮介建筑设计事务所
　　　结构　佐藤淳结构设计事务所
　　　设备　环境工程
施工　大成建设
顾问　桂英史
用地面积　111691.93m²
建筑占地面积　2883.18m²
总建筑面积　6419.17m²
层数　地下2层　地上1层
结构　钢结构，一部分钢筋混凝土结构
工期　2009年8月～2010年8月16日
摄影　日本《新建筑》写真部
翻译　张光玮

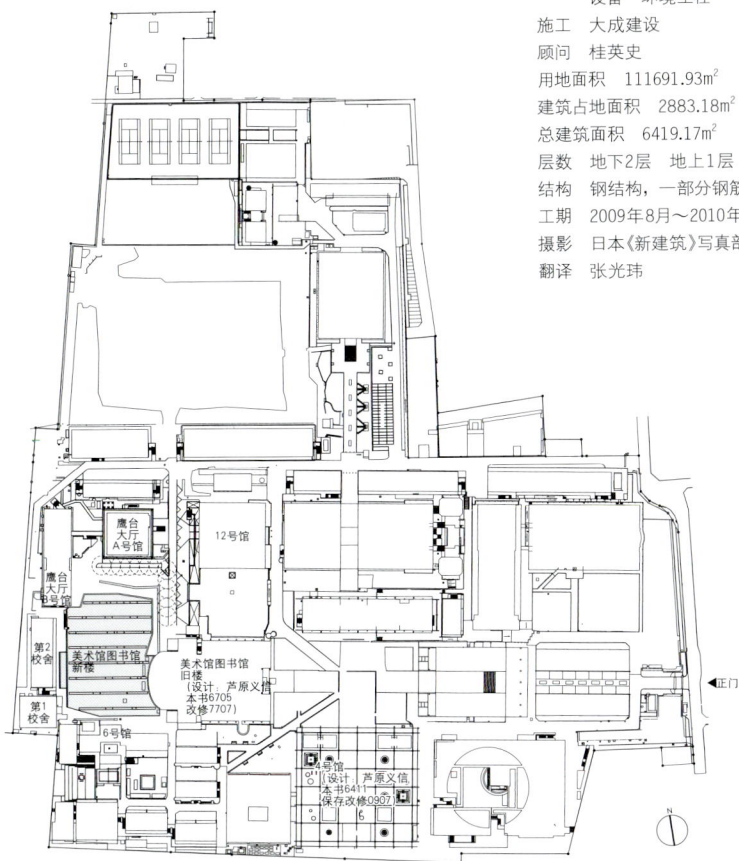

总平面图　比例1/4000

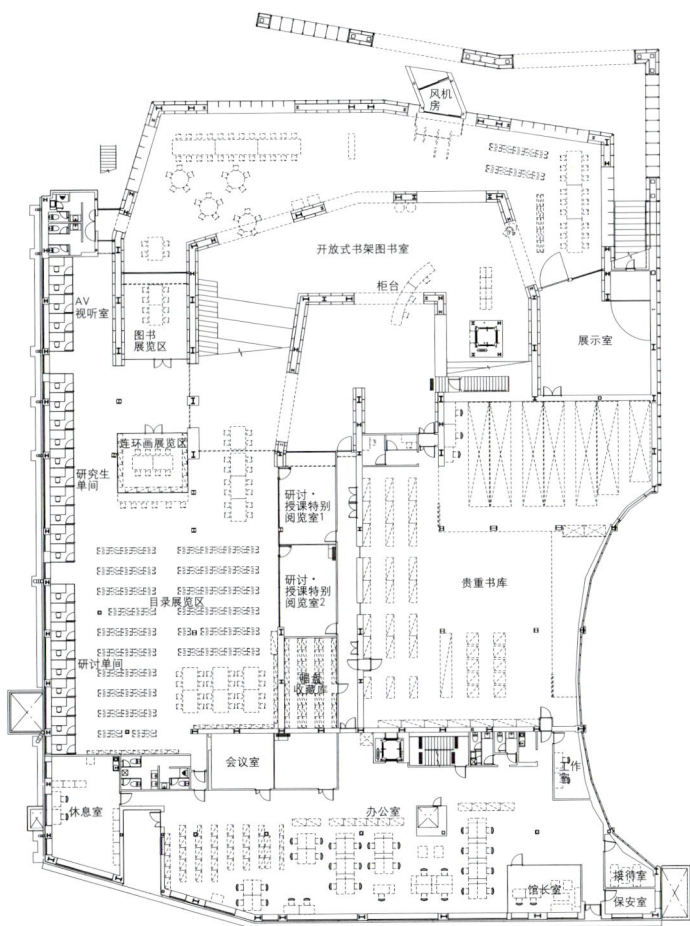

上：北侧外观。下：看和旧馆之间的空隙处设置的室外平台。

关于平面构成

　　图书馆全体由5个大区构成：这是收藏武藏野美术大学各类号称镇馆之宝的贵重图书及卷轴的"贵重书库"，也是空调和光都需要严格控制的档案馆，收藏作为研究资料颇有价值的各类图书的"目录走廊""图册走廊"及"图书走廊"；"开架图书室"巨大的书架呈涡卷状展开；还有"办公室"及位于地下的"书库"。不喜光的目录走廊和贵重书库配置在1层，旁边设置办公室保证功能上的联系。在排好的1层体量上架设从北侧1层到南侧2层全面展开的开架图书室。在北侧入口周边做了两层通高的挑空空间，并设置杂志区和检索区。从1层到2层通过平缓的大台阶连接，保证了空间的连续性，2层部分实际上都是开架图书室。挑空上部穿插着天桥，其上散布网络终端。入口分为两个：北侧上空空间进入的1层入口和从旧馆2层自开架图书柜台前进入的2层入口。设计使图书馆显得很立体，可以步行穿过。
　　　　　　　　　　　　　　　　　　　　　　　　（藤本壮介）

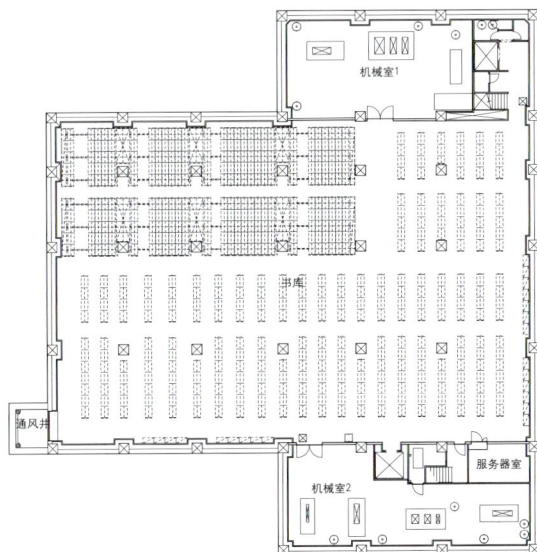

1层平面图　比例1/600

地下1层平面图

041

2层开架图书室西北角。采光天窗和天井之间的长条上安装了点状照明设备，确保了光照度。还有共8种吊灯安装在更需要照明的地方。

从2层开架图书室西北角向南看。天花板高4840mm。聚碳酸酯复合板反射光线，交相辉映。

（剖面详图 技术标注）

横木：
AL t=2mm+高耐久性聚酯粉涂装
背面防止结露材涂装 t=3mm

屋顶
防水屋顶隔热防水
隔热板 t=35mm
+防水膜 t=1.5mm

顶灯
防止飞散膜
平板玻璃 t=8mm
空气层 t=6mm
夹丝玻璃 t=6.8mm

楼体高度=GL+10.175
▽水上主屋屋顶
▽RFL（水下主屋屋面）
▽R层梁顶端

FP1
防火材料
*开放式书架图书室、R层地面梁共通

天花板：*开放式书架图书室共通
聚碳酸酯 中空双层板（透明） t=6mm
(w=1000mm（*只限顶灯下部 w=2000mm））
横木：25mm×19mm+SOP
受力横木：38mm×12mm @900mm+SOP
吊杆棱柱：@900mm +SOP
受力吊杆：C-60mm×30mm×2.3mm @900mm+SOP

开口处槽隙：
高强度玻璃 t=6mm

玻璃屏幕MPG构造：
表面玻璃（高强度玻璃，即开口处窗台板处强化玻璃） t=8mm
踢角线（高强度铝合金型材）+高耐久性聚酯粉涂装

入口

玻璃屏幕
MPG构造（*开口处）
表面双层玻璃（平板玻璃） t=19mm
+日光调节膜贴膜
玻璃隔断（平板玻璃） t=19mm

CH=8 470

开放式书架图书室

▽2 FL=GL+3,800

地面：
地毯 t=6mm
混凝土板材 t=12mm
防水双层地面 h=250mm
支持脚+钢花板 t=20mm
"双层地板 M型" /（股份公司）桐井制作所

▽1 FL=GL+200
▽GL
△1层梁顶端
△地表面

屏幕开口处预测部分地面：
混凝土抹泥刀加工

U型侧槽
360A
(h=300mm)

垫层混凝土 t=100mm
碎石碾压 t=250mm

底板 t=300mm
垫层混凝土 t=60mm
砂石碾压 t=50mm

底板 t=200mm
垫层混凝土 t=100mm
砂石碾压 t=250mm

▽BFL=GL-3,750

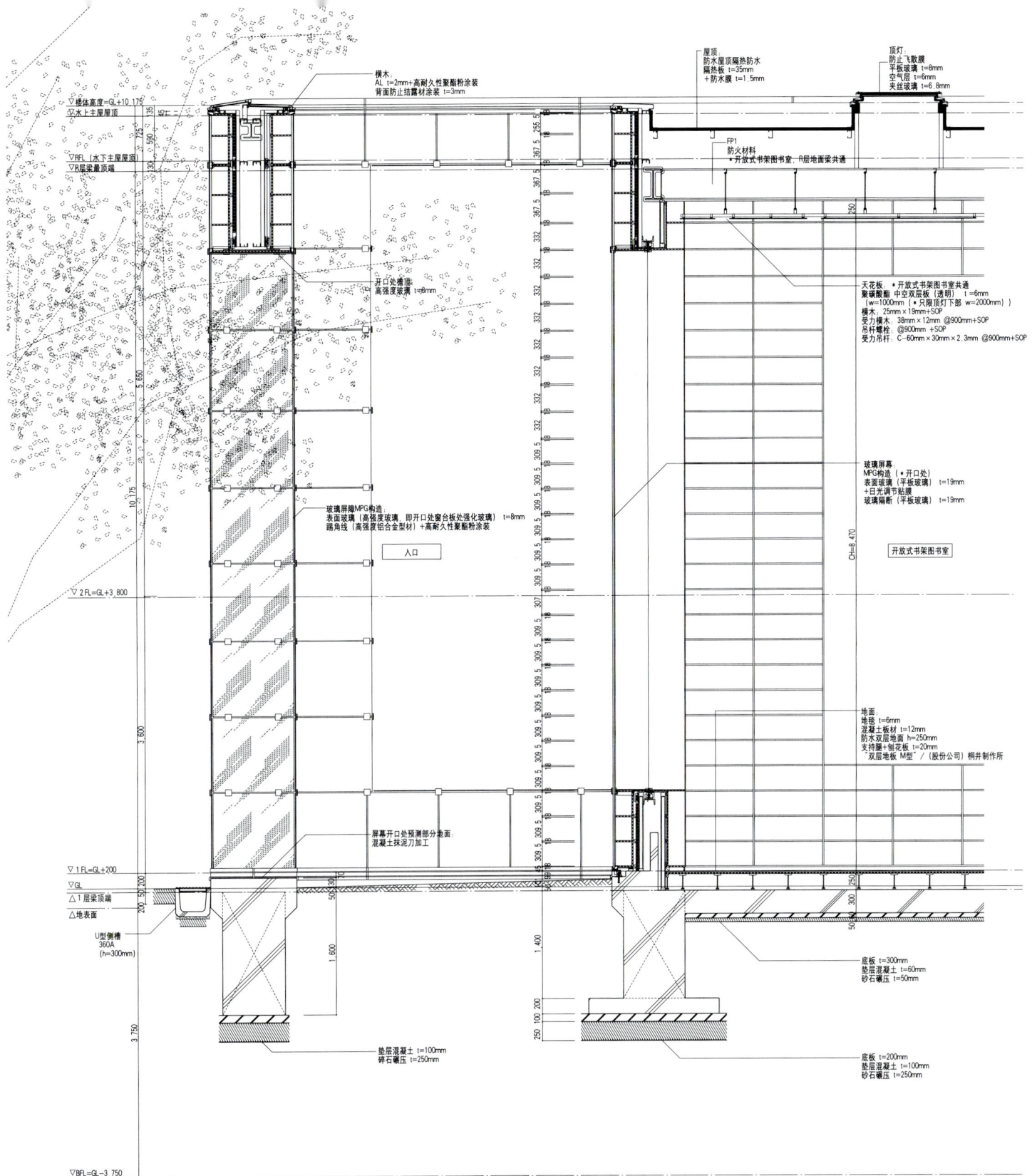

剖面详图 比例1/70

融合内外的细节

建筑物紧贴原有的校园建筑，地段还被高大的樱花树包围着。从外观看不出整体上是和内部同样的涡卷状书架墙，相反，比起站在外面看到的，内部更夺人眼球。此外，多层重叠的书架把人有意无意引向内部，将校园所特有的散步特征自然地涵盖到建筑中。为了实现内与外同时存在的空间品质，在细节上对各个部分采取了同样的做法。天花板在带状天窗的下方铺了一层相互留有间隙的6mm厚聚碳酸酯复合板，间隙起到了排烟的功能。包裹钢筋的耐火材料和管道等设备都涂成白色，起到了反射并扩散自然光线的作用。天花板作为建筑部位的物理存在感消失，取而代之的是天光云影一般辉映的上空。照明器具首先是由在间隙处设置的点状光源保

证基本照明度，再有8种吊灯从不同高度垂下，仿若光的粒子在宇宙间飞舞。

创造书林一般的风景

书架墙当做外墙的部分用和书架表面覆盖的玻璃一样的材料包裹，从最外围的独立书架墙到开口处深处的部分都安上了玻璃。同时，外围的开口位置是通过对周围樱花树的形状进行三维测量的结果决定的，保证树枝能够穿过开口。玻璃反射着樱花树的绿色，建筑与环境浑然一体。建筑融入风景的姿态与建筑本身用看不到终点的书架墙组成的连续风景的姿态是相互呼应的。

（青木弘司/藤本壮介建筑设计事务所）

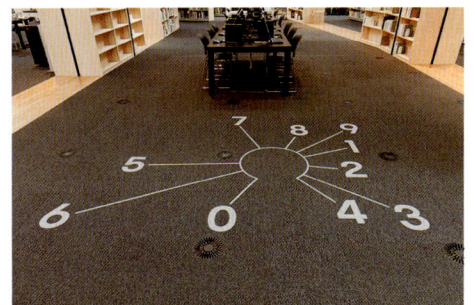

固定在地板和墙上的标识设计是由佐藤卓设计的，该标识表示了基于十进制分类法分布的书本位置。

书籍的森林
——检索性、散步性与无限放大

藤本壮介（建筑师）

从东北侧看，被樱花树包围的建筑外观。

武藏野美术大学位于小平市的鹰之台校区，创建时期就建造的"美术资料图书馆"（日本《新建筑》6705期）是同时也做了校园规划的芦原义信的设计作品。正如馆名一样，设计初衷就是一个图书馆和美术资料展示的共存空间，作为美术大学的创作场所而开设的图书馆+美术馆。建成后历经43年的岁月，逐渐增加的藏书和亟需充实的展示空间促使建设更大规模的"美术馆·图书馆"成为当务之急，以容纳二者结合并持续发展的愿景。这个项目就在旧建筑物的西侧紧贴着建了一座新的图书馆。之后，还会进行对旧美术资料图书馆的美术展示空间的改造设计，预计2011年春天竣工。

书籍的森林/方案设计竞赛

2007年举行方案设计竞赛时，我就提出图书馆的愿景之概念，即图书馆这种场所就是有很多书的地方，人找书，或者碰巧看到，取下来就在一旁捧在手上开始读。从这个意义上，图书馆不是单纯的有很多书的仓库，它是用大量的书来创造出人类关系与活动的场所。我们把它称为"书籍的森林"，在森林中漫步、探索与发现。建筑就是由作为图书馆本质的书和书架林立而成的森林。

检索性和散步性

图书馆最重要的一个特性就是"检索性"。检索性是通过文字可以确认想找的书的系统性空间配置，十进制分类法可以明确清晰地排列书籍，是人与机器都能直观检索的组合方式。

不过因为图书馆是为人而创造的场所，只有检索性并不能把人和书籍联系起来。对此我们发明了"散步性"这一概念与之相对。散步性在某种意义上是和检索性相对的另一极端。在森林中漫步的时候，是没有机械排列的路径的，也没有固定的顺序。说不定森林所特有的晃动性与不匀质性可以在直观的空间中触发某条路径，在那里充满着意外的发现与不可思议之所，而这又增加了漫步的乐趣。图书馆里面也是一样，在漫无目的的散步中发现自己迄今未知的领域，偶然被美丽的封面所吸引，被某种预感驱使着徜徉在书的海洋也不是没有可能的。这是图书馆中人类进行的最基本活动的一种。就这样，"检索性"和"散步性"这两个完全相反的性质，人与图书这两个互为对比的存在方，将图书馆所特有的深度变为了空间。仔细想想，丰富的建筑不就是将这样相互矛盾对立的东西实现的产物么？在思考着如何将这两义性溶为一种形式、变为一个可成立的解答的过程中，实现了巨大的书架墙涡卷状构造。

涡卷状/两义性的场所

涡卷是一个两义性的形状。远古的洞窟壁画中也出现了象征性的涡卷作为建筑的情况，那就是作为两义性场所的体现。弗兰克·劳埃德·莱特的古根海姆美术馆也是在同一地方使不同场所并存。透过上空空间看到的建筑深处，或是一条向下的坡道，在眼里似乎一直处于浮动状态，却与现在自己所处的地面紧紧相连。如果想象成如贝壳一般的家，那么尽管绕着绕着就往里面去的场所的性质时刻都在变化，但都是在一个空间里。这个图书馆中涡卷的介入也是为了同时获得上述检索性与散步性的精致方法。

和检索性相关，涡卷还具有规则的放射状轴向性。如果像观察时钟一样看这个平面的话，沿着放射状分布的区域，各个分类如同时刻一样排列着。站在涡卷中心的出纳台可以将所有分区尽收眼底，进而直接前往目的区。机械的配置和直观的方位把握共同确立了空间的检索性。

而散步性是从涡卷的空间性派生出来的。书架墙带着好几个巨大的开口，层层叠叠，让人无法预知前面还有多宽广，呈涡卷状曲折的书架墙一步步地将人引向前方看不见的空间。若隐若现，若止若行，若疏若离，在场所的抑扬顿挫中，读书伊始，举头复望，又被什么吸引着走到下一个地方。两义性的场所并不是两种不同东西的简单并存，它更意味着两个对立面在同时张拉的过程中，其间博大丰富的层级都被包含在场所之中。在这个意义上，检索性和散步性共存的场所是拥有无限深度的场所。

如外部一般的内部/如内部一般的外部

武藏野大学的校园规划是芦原义信的设计，构成特征是建筑与广场交错布置。直交的网格与斜向的动线交织，"轴性"和在各个方向回游的"散步性"形成了内蕴丰富的校园。这次这个图书馆所引入的

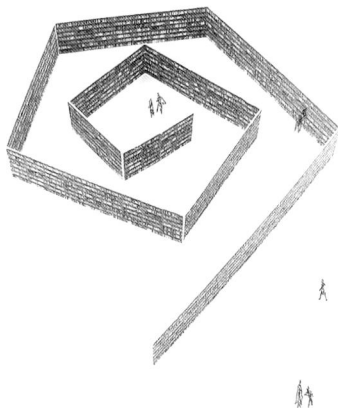

概念示意图1

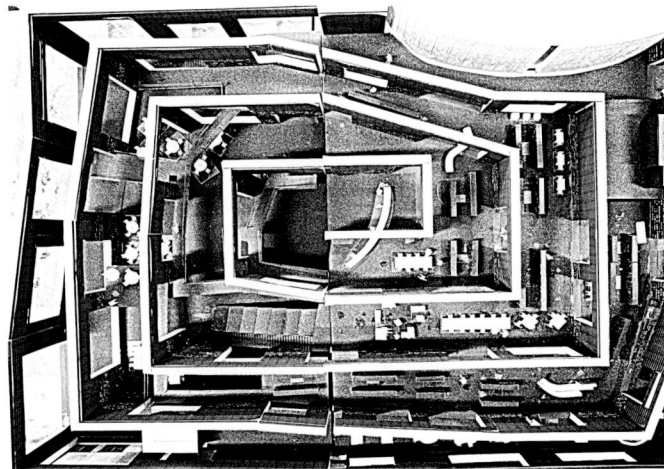

概念示意图2

散步性创意是对校园趣味的回应。后来很多教学楼纷纷建起，让人几乎感受不到原先结构的校园规划了，根据这样的现状，我们对建筑物与广场进行对比，用建筑物本身和其自身所包含的广场的对比性来代替，设计就是从想象这样一个新的场所开始的——我们构想了将校园的散步性延续到室内的散步图书馆。地段前方的樱花树对面，书架墙若隐若现，走近了才发现已经迷失在层层叠叠的图书馆当中，在内部与外部的连续之中，图书馆的巨大体量逐渐消融，这就是我们的设计意图。可以说这是一个没有外观的建筑，建筑外侧绕了一道墙一样的书架，既保证内外连续，又留出保证图书馆安静的缓冲空间。外部的书架上覆盖的玻璃将周边树影倒影其上，模糊了边界。校园里多是钢筋混凝土建筑物，这个通透、书架林立的建筑应该创造了一个新的建筑方式与风景吧！

建筑的涡卷结构构成了这个"非内非外的场所"。好几重书架消除了明确的外部与内部的感觉。覆盖建筑整体的采光天窗由天花板的聚碳酸脂复合板反射、扩散，再加上书架和树木的交相辉映使天花板的实际存在感消失，光线如同云朵一样漂浮在上空，摇曳着创造出如同外部一样的内部空间。

在当今做图书馆设计

在当今做图书馆是怎样一种意义呢？iPad登场了，电子书籍迅速普及，2010年，信息膨胀的网络与水暖电一样成为基础设施。图书馆这种场所几乎可以取消了。挑战图书馆这件事，不是星巴克，不是TSUTAYA（日本的影像制品贩卖租赁连锁店），不是自己家的电脑前，也不是边走边看电话。这个项目开始的时候首先在我脑海里浮现的是"巴别塔图书馆"——一个所有的书本都可能无限地（虽然是有限地）排列的地方：过去和未来书写过的所有东西、昨日正确或不正确的历史、未来可能的样子都包含在其中的书籍；人类历史上下五千年；可视化、空间化的人类积蓄。书籍所包含的信息丰富，历史和其中人类生活的总体存在已经超越书籍自身的存在感，如果能赋予这样的东西以形状和空间，不正是一个极其特别并且本质的场所么？也许所有的信息现在都可以通过网络获得，然而能够感知信息存在感的场所除了图书馆外别无二处，有一些东西只有置身于这样压倒性的存在感中才能诞生。现实场所的不可替代性就在于此。在这里设置无限的书架，有一部分被书填满，一部分空着。空着的也许将来被书填满，也许被艺术作品填满，还可能这些空白暗示了超越书籍的信息扩散。本方案就是通过书架创造出图书馆这个为普罗大众服务的场所的。

再谈森林

项目从一开始就使用了"森林"这个词，而随着设计的进行，森林已经不只是"森林一般的场所"这么简单了。

所谓森林，是人类与信息交换的场所。这里的信息不仅仅是"信息"，不管愿不愿意，我们和周围环境所有接触到的信息都包含在其中。森林中有用的、没有用的，还有不知如何理解的，各种各样的信息以各种各样的分辨率相互关联。人类所建造的建筑物通常将这些信息集合、梳理、整顿（就是所谓的秩序），然而要做真正的森林一般的场所的话，并非前述那样纤细、无趣又毫无意义的建筑，而是能容纳多种信息流通的场所。这不是看起来像森林或者把什么林立着排列就能达到的。就算建立秩序也要该秩序能容许多种信息并唤起各种关系的发生，这个能扩展的场所是各种各样信息的集合体，书籍的各种信息也舒舒服服地散布在其中，这样的场所才可称为森林一样的场所，并且这种复杂而蕴含丰富信息的场所才能作为图书馆出现在人们面前。图书馆是信息场所，当然那也是图书馆势不可挡的功能保证。实际空间与信息空间共存而产生丰富的可能性正是这个图书馆做出的一种尝试。

PROSTHO美术馆 研究中心

设计 隈研吾建筑都市设计事务所
施工 松井建设
所在地 爱知县春井市
PROSTHO MUSEUM RESEARCH CENTER
architects: KENGO KUMA ASSOCIATES

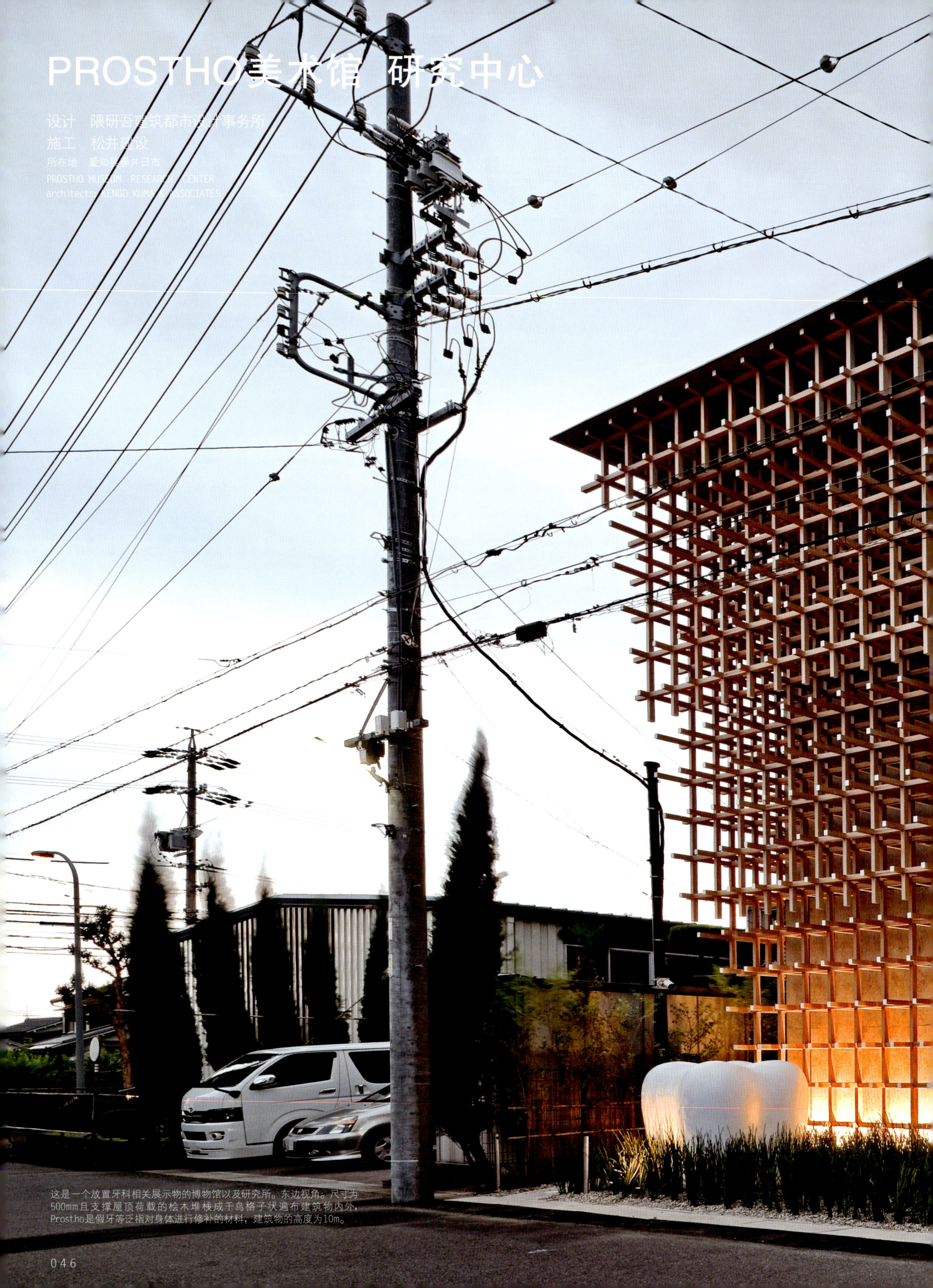

这是一个放置牙科相关展示物的博物馆以及研究所。东边视角。尺寸为500mm且支撑屋顶荷载的桧木堆栈成千鸟格子状遍布建筑物内外。Prostho是假牙等泛指对身体进行修补的材料，建筑物的高度为10m。

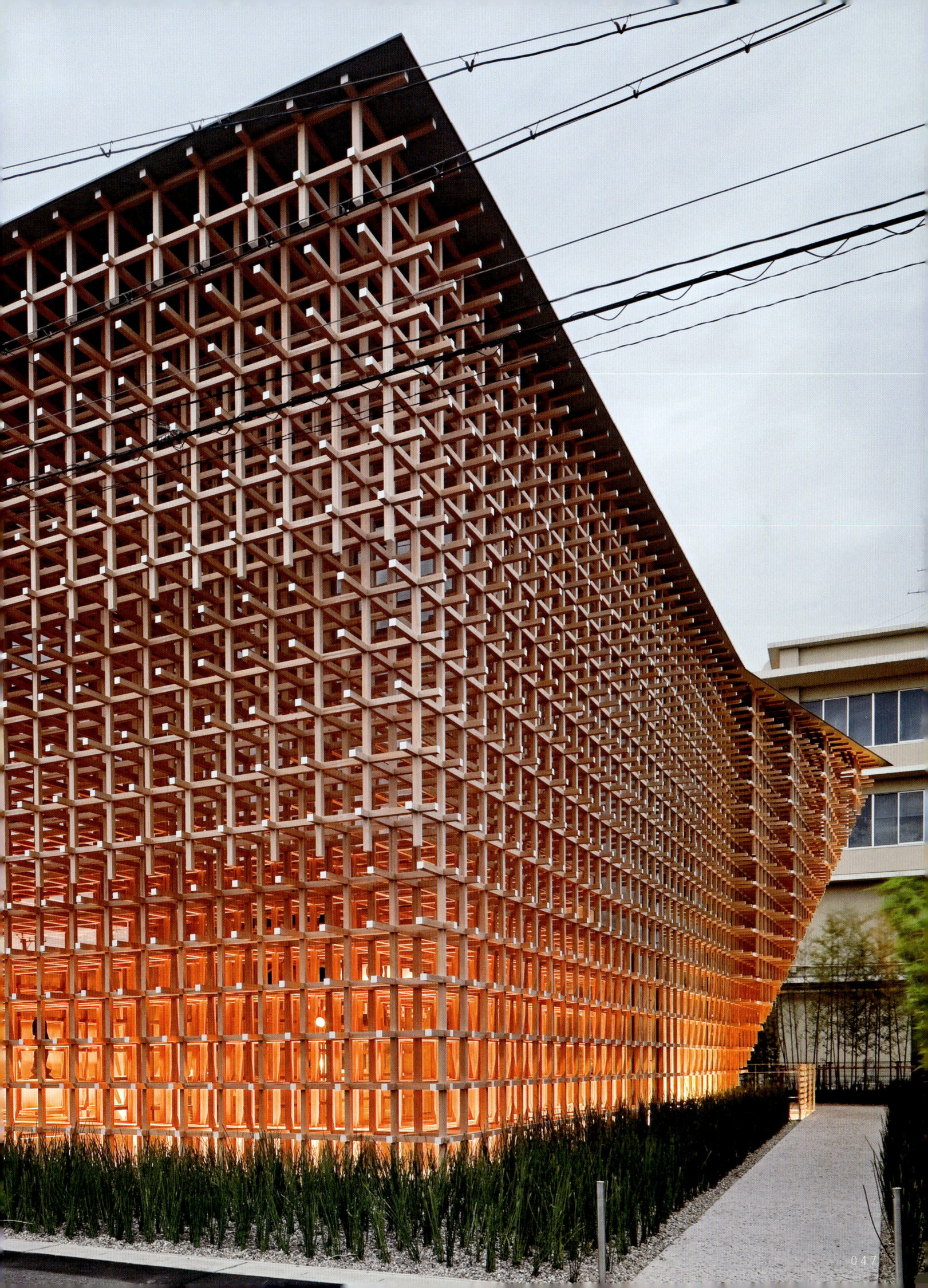

由一楼的玻璃廊道向上看，可以看到由60mm角材组成的千岛状格子覆盖的挑空空间。吹拔高度8980mm。

从连接1、2层的楼梯看。楼梯是由SOP涂装的钢筋格子来支撑的，画面后方则是通往3层的楼梯。

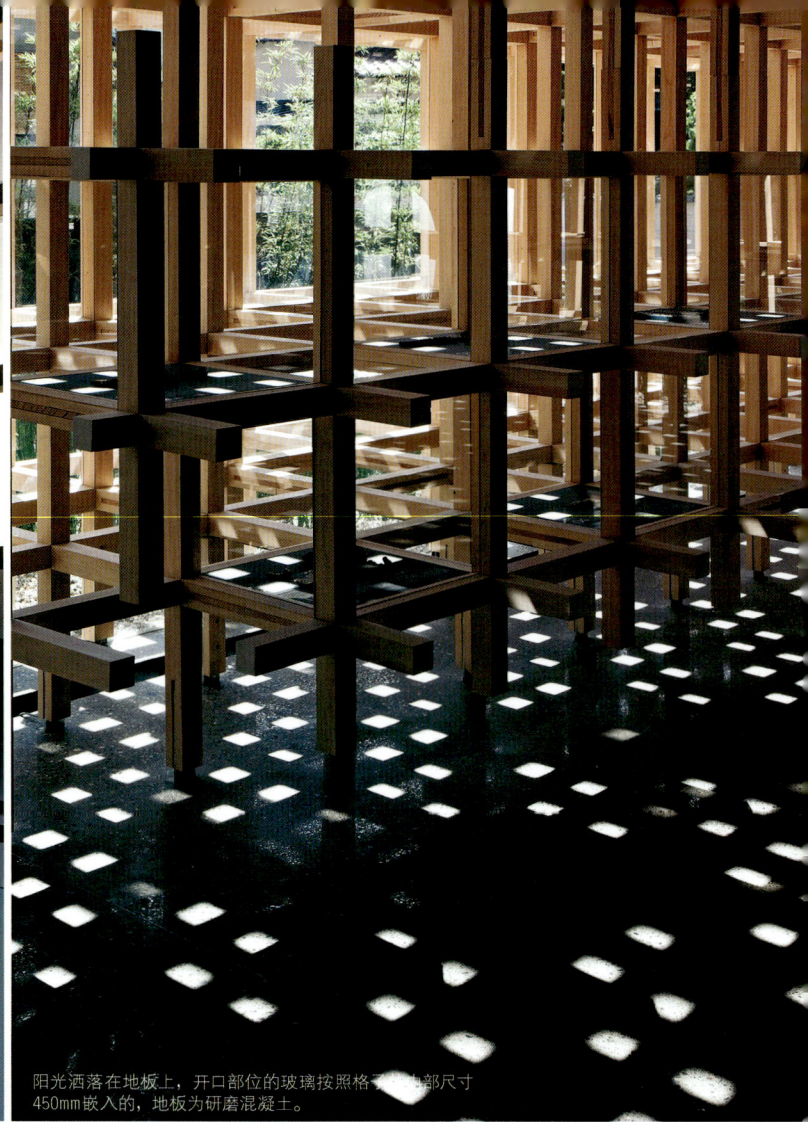
阳光洒落在地板上，开口部位的玻璃按照格子的内部尺寸450mm嵌入的，地板为研磨混凝土。

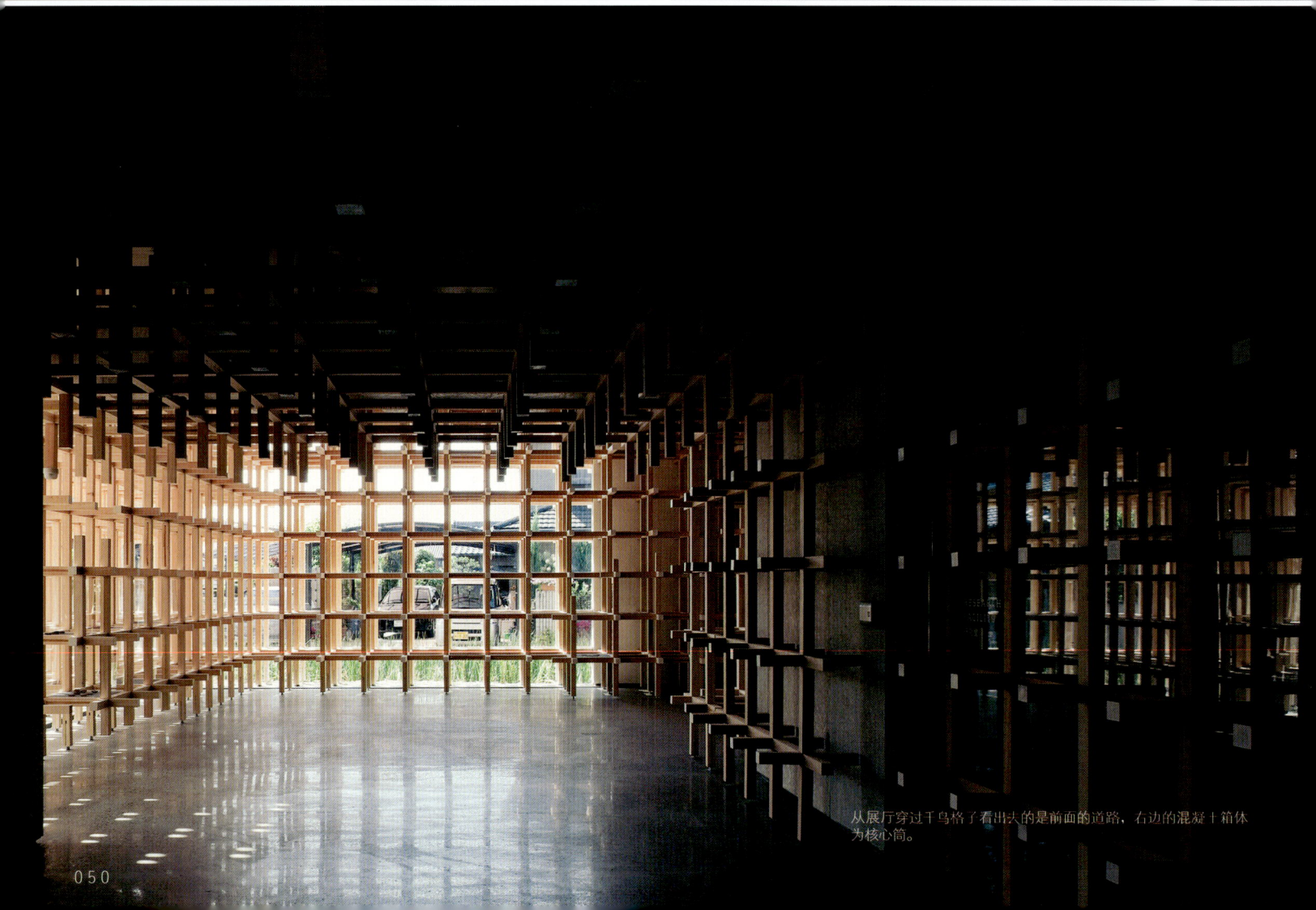
从展厅穿过千鸟格子看出大的是前面的道路，右边的混凝土箱体为核心筒。

右边为入口出檐，左边为入口通路，可以看到采光井。建筑物外部四周铺装以水刷石路面，木格子的横断面上则进行了防腐处理。

500 500 500 500 500 500 500 500 500 500 500 500 500 500 500 500 500 500 500 500 500 500 500

剖面详图（标注）

椽子 □105mm×180mm
木材 □105mm×105mm
檐口加固材料 GLP t=1.2mm
檐底 硅酸钙板 t=8mm×2mm AEP
不燃木水泥刨花板 t=20mm 防水剂涂布
截面加工 上面用灰浆补修 AEP
钢铁门 双开式门框

墙壁 桧木不燃木水泥刨花板 t=20mm 浇筑钢筋混凝土 涂装的上面防雷处理
防滑扶手 h800mm SUS构件口 20mm×20mm 可动式

天花板 硬质水泥刨花板 t=12mm 水性涂料的上面防雷处理
联结吊灯 特定品 荧光灯
操作空间
研究台
钢筋混凝土抹泥刀施工 合成树脂涂料 裱糊工法

不燃木水泥刨花板 t=20mm 防水剂涂布
截面加工 上面用灰浆补修 AEP
钢铁门 双开式门框

墙壁 桧木不燃木水泥刨花板 t=20mm 浇筑钢筋混凝土 涂装的上面防雷处理
防滑扶手 h=800mm SUS构件口 20mm×20mm 可动式

架
研究台

天花板 桧木不燃木水泥刨花板 t=20mm 涂装的上面防雷处理
联结吊灯 特定品 荧光灯
事务所
平面玻璃 t=4mm 贴防飞散膜

隔音墙壁
赖氨酸涂装
室外机放置处

天花板 钢筋混凝土 防尘涂装
墙壁 钢筋混凝土 玻璃棉垫 t=50mm
用电室
地面 钢筋混凝土 防静电防尘涂装 ▽1FL+200

钢筋混凝土抹泥刀处理 合成树脂涂料 涂抹工法
墙壁 钢筋混凝土补修的上面 赖氨酸涂装
展示箱照明 LED照明
展示箱 高透光玻璃 t=5mm
格子（内部装饰材）: 冷杉 □60mm×60mm @500mm 原材 抛光
格子（内部装饰材）: 冷杉 □60mm×60mm @500mm 原材 抛光
横木 灰浆 水性涂料
天花板 钢筋混凝土补修的上面 AEP

设备基层 钢筋混凝土浇灌 ▽GL+100
垫层混凝土 t=60mm 砂石铺设 t=90mm

天花板 PB t=12.5mm AEP
收纳
空调
照明
墙壁 钢筋混凝土 PB t=12.5mm 直接张力 接缝处理后 AEP
墙壁 钢筋混凝土 清水

手工桌子 上板 人工大理石 侧板 木质亮光 植入桧木
书架 木格子 冷杉木 抛光 □30mm×30mm
地面 钢筋混凝土抹泥刀施工 合成树脂涂料 涂抹工法
收纳
交流广场
地面 钢筋混凝土抹泥刀处理 合成树脂涂料 涂抹工法
地面 钢筋混凝土抹泥刀处理 防尘涂装

泡沫聚苯乙烯 t=30mm 浇筑
涌水井
泡沫聚苯乙烯 t=30mm 浇筑
涌水井
泡沫聚苯乙烯 t=30mm 浇筑

▽地下水位（GL-4,000）

防水聚乙烯布 垫层混凝土 t=60mm 铺设砂石 t=90mm

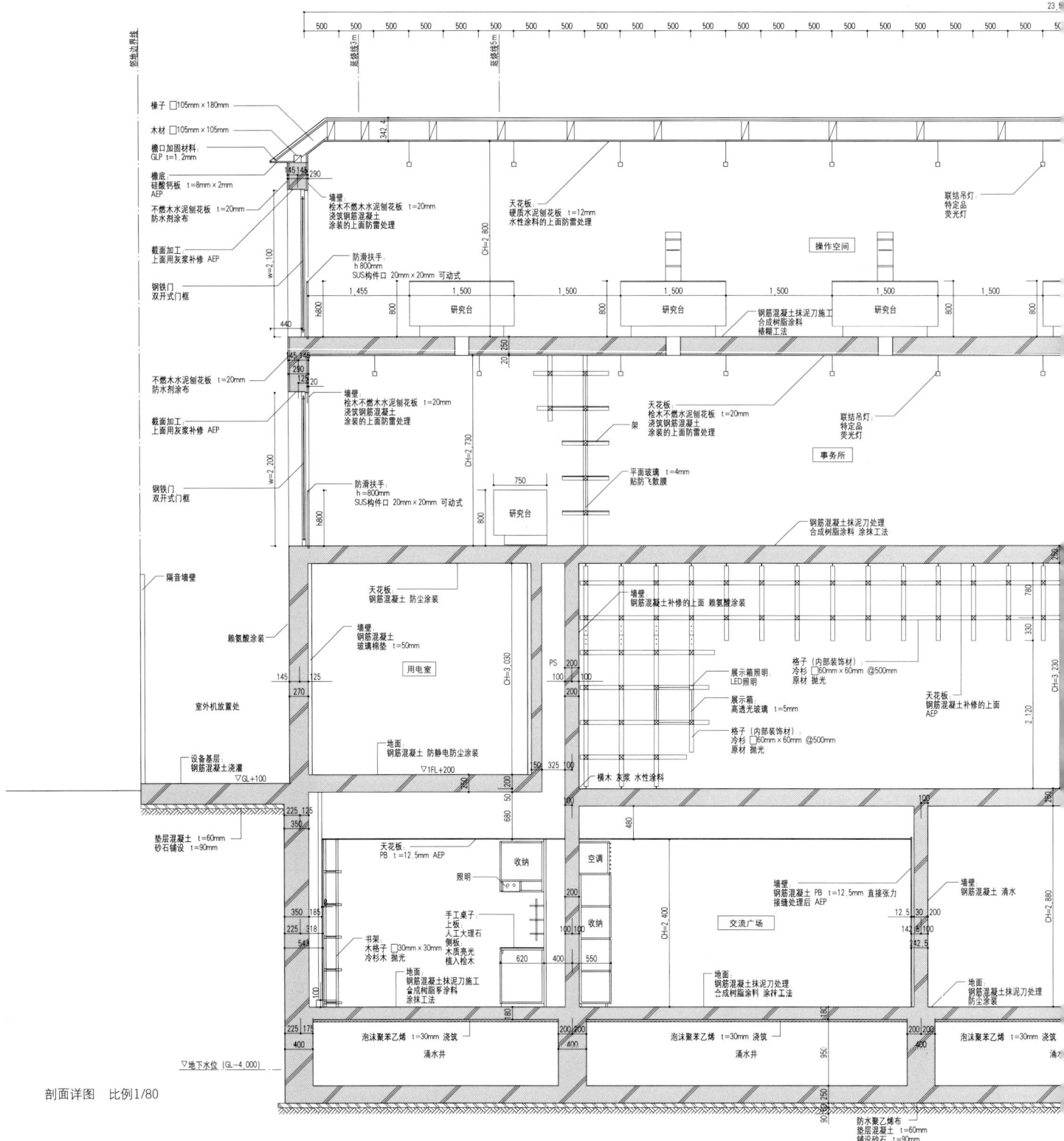

剖面详图　比例1/80

物质和材料作为结构本身的建筑方法

这是一次联系"小建筑"与"大建筑"的尝试。

相对现在一般以钢筋混凝土箱体的纹理拼贴为基本手法的乏味大型建筑，我们追求的是建筑的构造性，在物质和材料本身即结构的预设条件下进行了一连串"小建筑"的挑战。其中一例是为米兰家具展上的活动而在斯福尔扎古堡里搭建的CIDORI（参照日本《新建筑》2007,94页）。该案受到Hida山的传统玩具(千鸟)的启示，只利用特殊接头形状的木棒进行扭转，不采用任何其他钉类和金属组装而成。在米兰，我们在一个约3米见方的小型展馆上实验了这个手法。

这个项目是CIDORI的延伸扩展，并实际应用在永久建筑上。CIDORI是由30mm×30mm×1200mm的材料搭接出240mm见方的立方体的模矩系统。但这次是利用60mm×60mm×2000mm或3000mm的基本材料组成的500mm见方立方体。这个立方体为支撑屋顶的结构，也同时是美术馆的展示空间。

担任本次结构设计的佐藤淳先生，藉由压缩、弯曲等试验确认了这个结构系统的强度。因此，这个系统进一步被证实也可应用在大型建筑上。为了不让"小建筑"止于"小建筑"收场，换言之不让实验止于实验，艺术也不是单单以艺术退场，这个建筑给出了一个答案。　　　　　（限研吾）

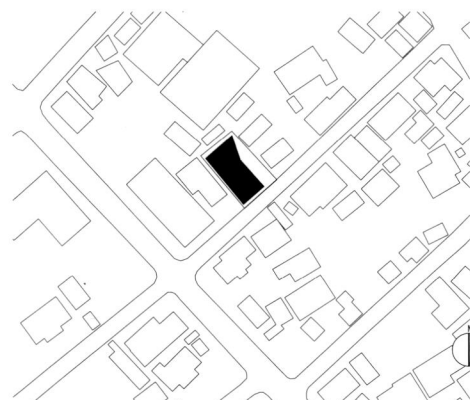

总平面图　比例1/3000

500 500 500 500 500 500 500 500 500 500 500 500 500 500 500 500 500 500 500 500 500 500

道路边界线

全屋顶直线形修葺 30分防火施工:
铝锌合金镀层钢板 t=0.35mm
不加硫橡胶 t=1.0mm 背面
聚烯烃系加固非加硫橡胶布 t=1.0mm
双面碳酸钙张张变形 PIR 隔热材料 t=20mm
高密水泥刨花板 t=20mm

木材 □105mm×180mm

橡子 □105mm×270mm

排烟天窗

橡子 □105mm×180mm @1,000mm

排烟天窗

内水溜子 SUS构件 w=200mm

檐口加固材 GLP t=1.2mm

木材 □105mm×105mm

天花板 硅酸钙板 t=8mm×2mm AEP

天花板上折部 硅酸钙板 t=8mm×2mm AEP

水溜子金属 FB-3mm×32mm

檐底 硅酸钙板 t=8mm×2mm AEP

格子（内部装饰材）:
冷杉 □60mm×60mm@500mm
原材 抛光

墙壁:
桧木不燃水泥刨花板 t=20mm
钢筋混凝土浇灌
涂装上防雷处理

赖氨酸涂装

木框

截面施工, 灰浆补修的上面AEP

截面施工, 灰浆补修的上面SOP

格子（内部结构材）:
桧木上小节 □60mm×60mm @500mm
原材 抛光

连接材料:
光叶榉树
接合金属构件
螺栓 φ10mm
溶解镀锌

（内部装饰材）
小节 □60mm×60mm
抛光

防火墙

平板玻璃 t=4mm
贴防飞散膜

钢楼梯
支柱: St 防锈涂装SOP
踏步: St FB t=9mm 防锈涂装SOP
塑胶地垫 t=3mm 铺设
扶手: SUS FB t=9mm w=40mm
阶梯高度: h=166.66mm

铁架格子
管子 □60mm×60mm SOP

平板玻璃 t=4mm
室内侧贴隔热膜
室外侧防尘涂布

格子（外部结构材）:
桧木 □60mm×60mm@500mm
防火处理 防水剂涂布
截面保护: 水性涂料涂装

木质踢脚线

连接材料:
光叶榉树
接合金属
螺栓 φ10mm
溶解镀锌

木质踢脚线

SUS框

防火水泥刨花板 t=20mm
钢筋混凝土浇灌
AEP

空调导管（设备）

步行道

格子（内部装饰材）
桧木上小节 □60mm×60mm @500mm
原材 抛光

格子（内部结构材）
桧木上小节 □60mm×60mm@500mm
原材 抛光

照明设备槽 w=140mm h=130mm
荧光灯（电灯色）

栽植 木贼

混凝土 抹泥刀处理之上
镜面抛磨 防水性混凝土强化材料涂布
粉状喷漆

天花板
钢筋混凝土 清水

墙壁:
钢筋混凝土 轻钢龙骨基层
硅酸钙板 t=8mm

文书库

横木 混凝土

排水沟 w=100mm 灰浆防水

泡沫聚苯乙烯 t=30mm 浇灌

涌水井

防潮聚乙烯膜
发泡聚乙烯 t=30mm
垫层混凝土 t=60mm
砂石铺设 t=90mm

格子支撑金属
St T字金属
溶解镀锌
底漆的上面 涂装

垫层混凝土 t=60mm
砂石铺设 t=90mm

栽植计量

建筑用地边界划分
SUS FB t=4mm 缝隙

斜面 1/50

▽楼体高度 (平均GL+9,990)

▽屋檐高 (平均GL+8,990)

▽3FL (平均GL+6,590)

▽2FL (平均GL+3,490)

▽1FL (平均GL+10)

△设计GL (21.70)

▽GL-500

▽B1FL (平均GL-3,120)

▽井FL

3,500 3,000 3,480 3,130 1,130
10,000 9,000 4,240

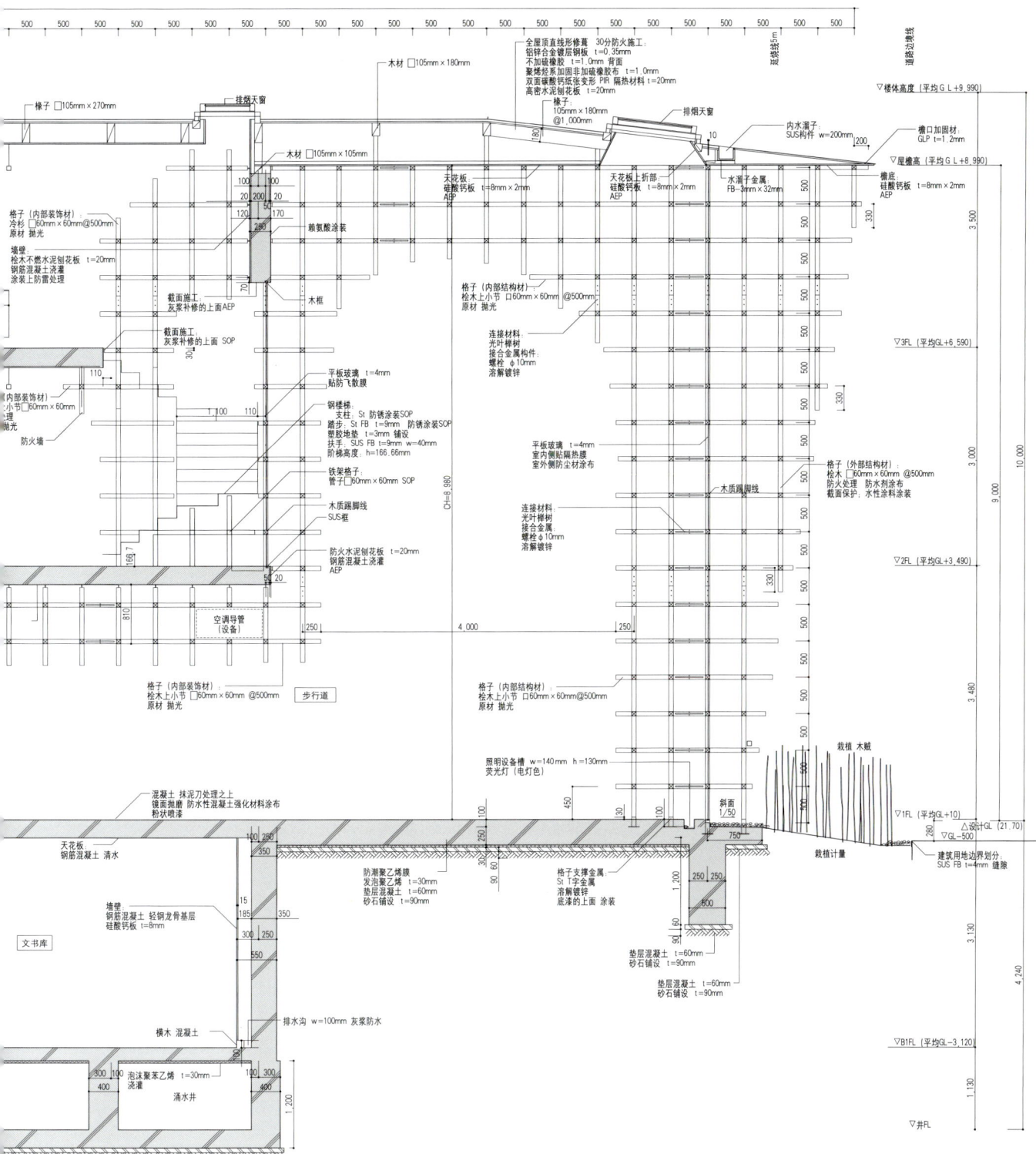

向面朝前方道路的东立面看。牙齿形状的艺术品是原研哉先生的设计。

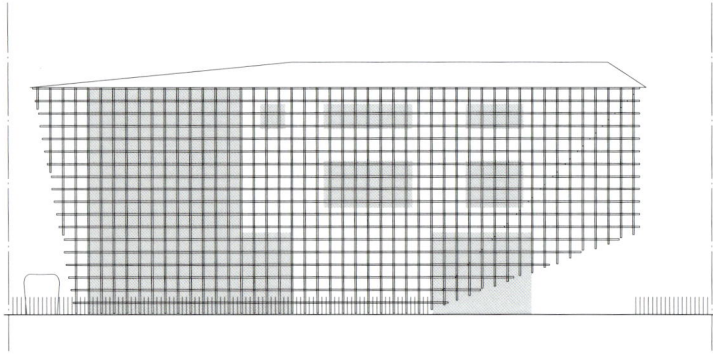

北立面图　比例1/300

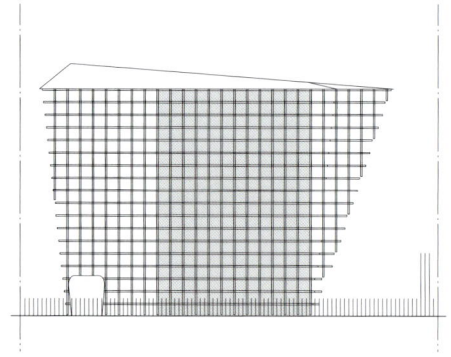

东立面图

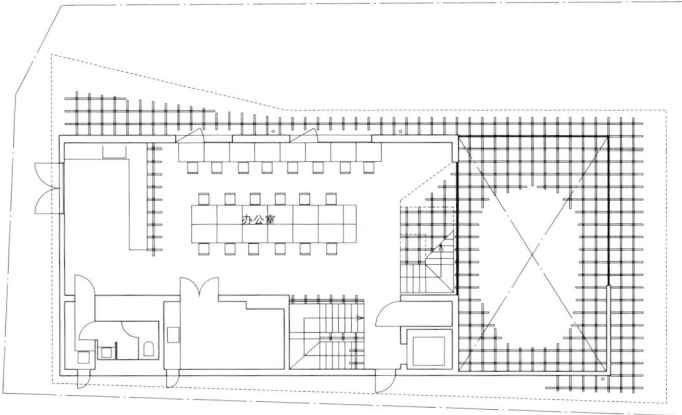

2层平面图

办公室

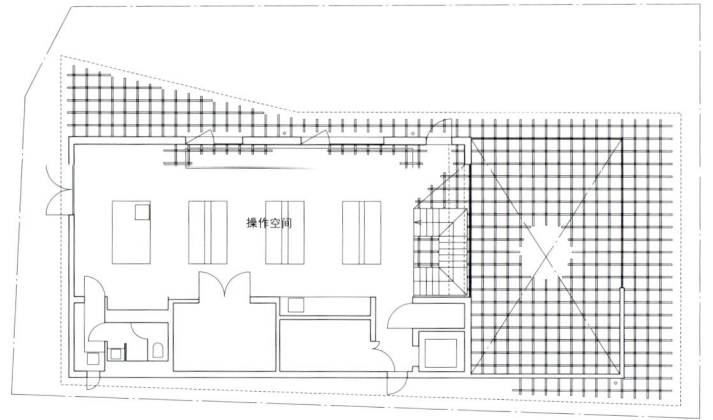

3层平面图

操作空间

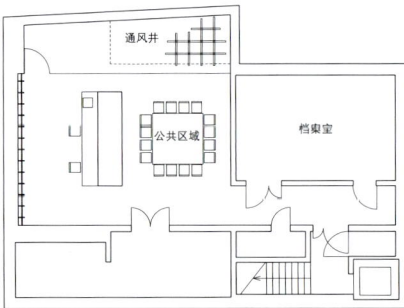

地下层平面图

通风井

公共区域　　　档案室

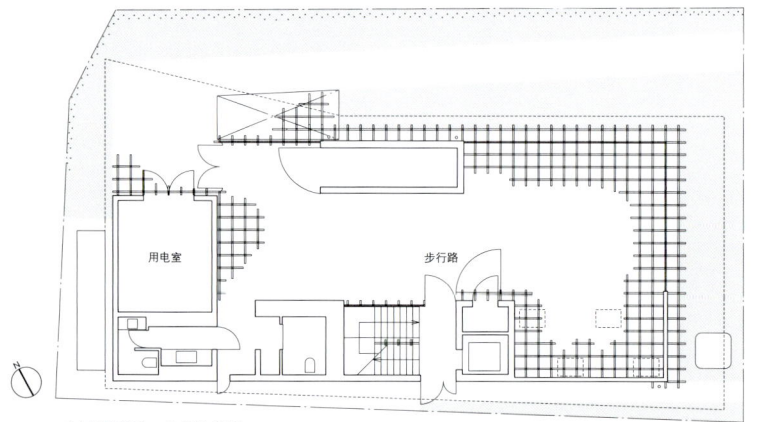

1层平面图　比例1/800

用电室　　　　步行路

3层的研究室"Laboire"。楼梯上部设置天窗

地下层的交流空间,由采光井射入光线。天花高度为2400mm。

构件1（柱）

①

②

构件2（梁）

③

构件3（梁）

回转

2,000

2,000

3,000

连接材料

接头

连接材料

接头

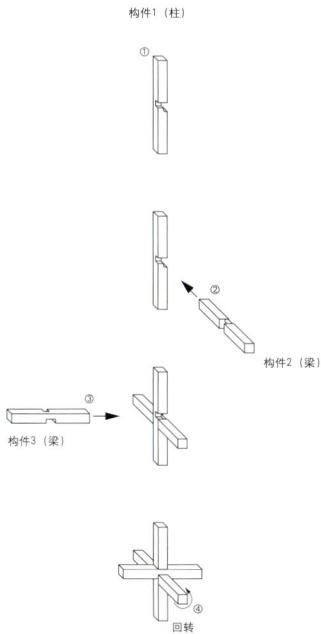

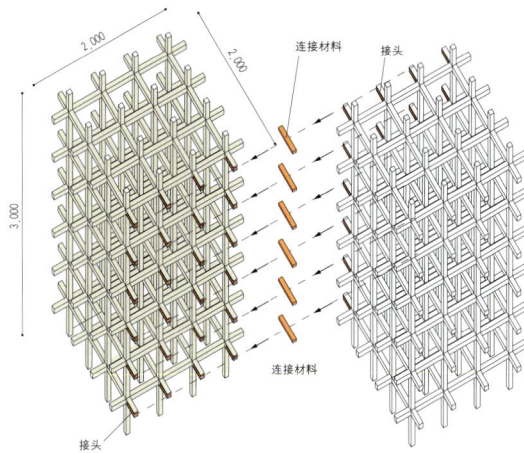

构件组装
各构件之间用榉木连接

千鸟格子的组装。利用加工好的3根连接构件来进行固定。

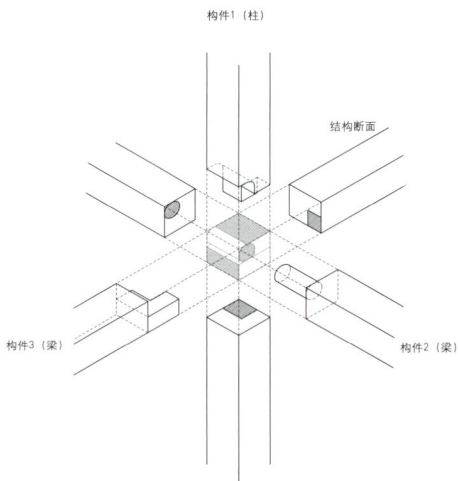

柱

梁

梁

轴测组装图

螺栓
St φ10mm 溶解镀锌

90

30

螺栓贯通孔

80

连接材
光叶榉树

190

60

70

60

80

70

80

80

螺栓

设计　建筑　隈研吾建筑都市设计事务所
　　　结构　佐藤淳构造设计事务所
　　　设备　森村设计
施工　松井建设
基地面积　421.55m²
总建筑面积　626.5m²
层数　地下1层　地上3层
结构　木结构＋钢筋混凝土结构
工期　2009年6月～2010年5月
摄影　日本《新建筑》写真部(特记除外)
翻译　林伯瑜

构件1（柱）

结构断面

构件3（梁）

构件2（梁）

构件接合部

构件接合部的分解轴测图
结构断面：接合部连接材的连续面

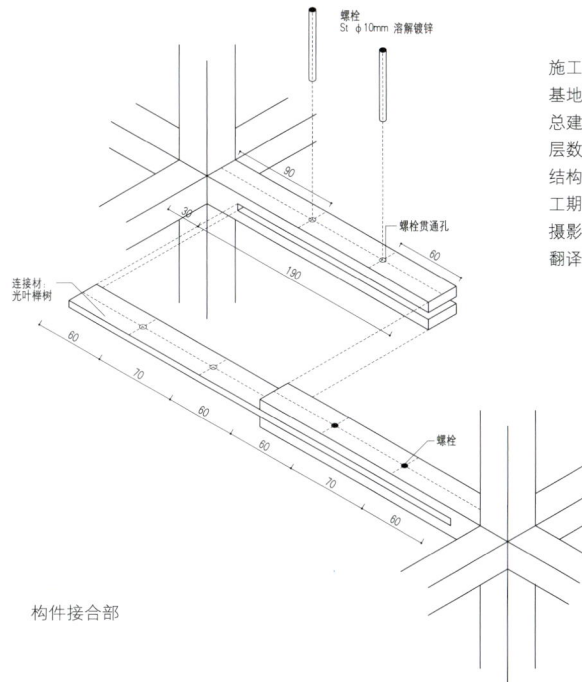

卡车载运的工厂预制单元，现场组装。
提供：隈研吾建筑都市设计事务所

格子的局部为500mm方格展示盒。照明嵌入
木格子中。

地板与格子利用T字形金属构件连结。

安藤百福纪念
自然体验活动指导者培训中心

设计　隈研吾建筑都市设计事务所
施工　大成建设
所在地　长野县小诸市
THE MOMOFUKU ANDO CENTER OF OUTDOOR TRAINING
architects: KENGO KUMA & ASSOCIATES

这是一个培训自然体验活动指导的住宿兼研修设施。该中心是按照日清食品创业者安藤百福先生的理念所设立的。基地位于被丰富的自然所包围的斜坡上，有着三角形屋顶的建筑东西长约95m。外装由300mm高垂直卷边的热镀铝锌钢板组成。

这是一个培训自然体验活动指导的住宿兼研修设施。该中心是按照日清食品创业者安藤百福先生的理念所设立的。基地位于被丰富的自然所包围的斜坡上，有着三角形屋顶的建筑东西长约95m。外装由300mm高垂直卷边的热镀铝锌钢板组成。

挑高两层的入口大厅与通往二层阳台的楼梯。天花为宽度300mm的木纹格栅。墙则用木丝水泥板装饰。家具也是亲自参与的设计。

上：西侧2层的谈话室。由H形钢支撑的大屋顶。下：由入口大厅越过北向开口眺望轻井泽的景色。

一片长屋顶

我想在森林中安放一个如同长棍一般的建筑。准确来说，并非一个长形的建筑，而是一片长屋顶。在森林中的长屋顶下有各式各样的活动（运动、学习、吃饭、睡眠），这些活动将被随意地展开，传达自由屋顶的意象。比起会产生拘束感的箱形，长屋顶要来得自由，如同树冠守护着在严酷环境下的人们，住户可期待能得到保护。

为了培育青少年野外活动的指导员，使箱形建筑能更趋近于屋顶，设计在两个方面下了功夫。其一为让金属屋顶更趋近于树冠，利用曾经在梅窗院（日本《新建筑》0309期）尝试过的150mm高垂直卷边，将其发展为300mm高的立梃叶片。创造出更趋近于树叶与树干所形成的深且细的阴影效果。金属板则更近一步被赋予三种不同的颜色，以呼应森林中树木颜色的多样性。

还有一个也下了工夫的地方是将室内利用一个斜坡来整合，这样空间就如同在森林的树冠下一般，平缓而连续。

在现实中，寝室研修室等各空间的分割是必需的，所有房间重合为两层，各个小单元的限定使用顺应地形的斜坡来区别开，在建筑这种人工环境之中，希望在屋顶在等同于在树冠的下面行走一般的感觉能再度出现。

（隈研吾）

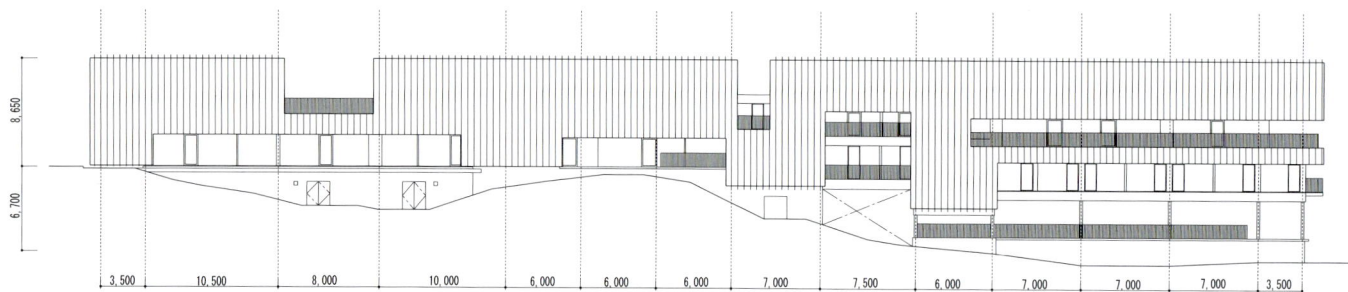

北立面图 比例1/600

8.650
6.700

3.500　10.500　8.000　10.000　6.000　6.000　6.000　7.000　7.500　6.000　7.000　7.000　7.000　3.500

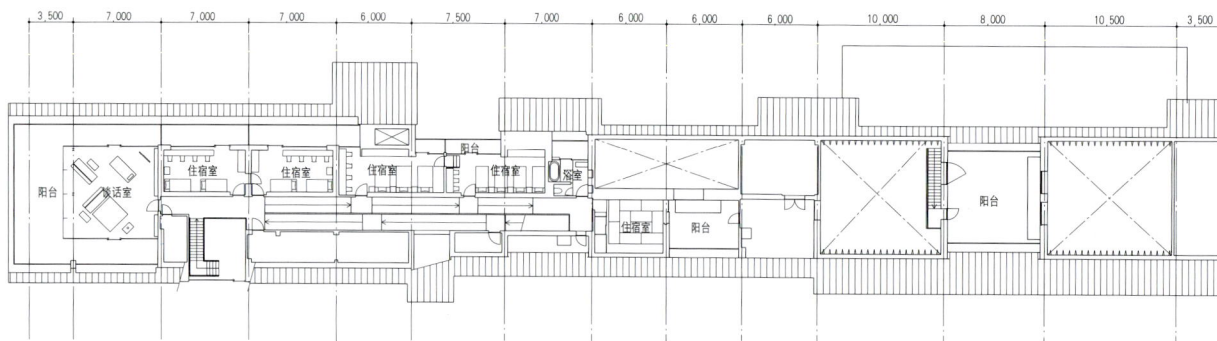

2层平面图

3.500　7.000　7.000　7.000　6.000　7.500　7.000　6.000　6.000　6.000　10.000　8.000　10.500　3.500

阳台　谈话室　住宿室　住宿室　住宿室　住宿室　阳台　浴室　住宿室　阳台　阳台

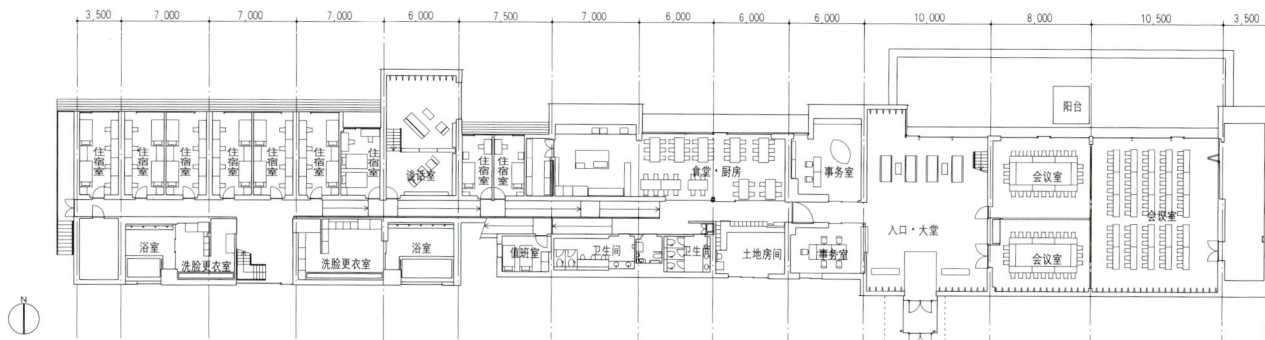

1层平面图 比例1/600

3.500　7.000　7.000　7.000　6.000　7.500　7.000　6.000　6.000　6.000　10.000　8.000　10.500　3.500

住宿室　住宿室　住宿室　住宿室　住宿室　谈话室　住宿室　住宿室　食堂·厨房　事务室　阳台　会议室　会议室　会议室
浴室　洗脸更衣室　洗脸更衣室　浴室　值班室　卫生间　卫生间　土地房间　事务室　入口·大堂

N

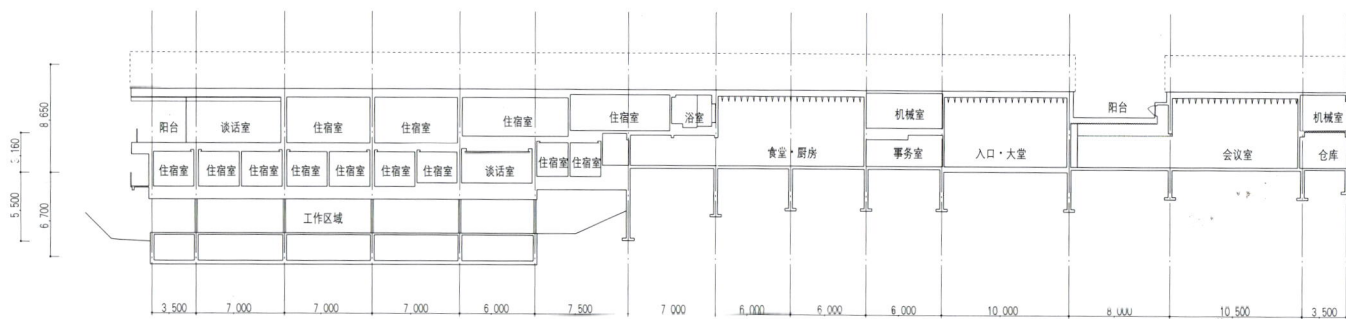

剖面图 比例1/600

8.650
5.160
5.500
6.700

阳台　谈话室　住宿室　住宿室　住宿室　住宿室　浴室　机械室　阳台　机械室
住宿室　住宿室　住宿室　住宿室　住宿室　谈话室　住宿室　住宿室　食堂·厨房　事务室　入口·大堂　会议室　仓库
工作区域

3.500　7.000　7.000　7.000　6.000　7.500　7.000　6.000　6.000　6.000　10.000　8.000　10.500　3.500

北侧全景。三种颜色的氟树脂涂覆的立棱卷边组合排列。建筑物高度
8650mm。

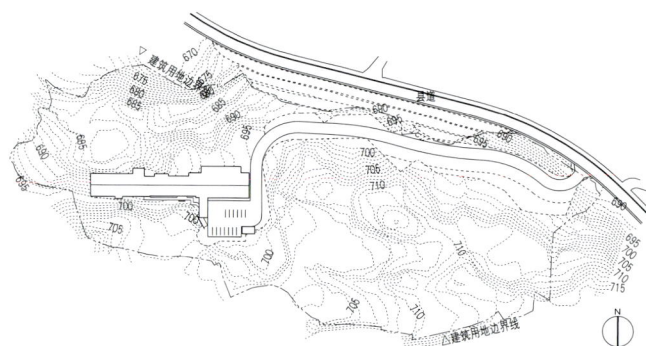

总平面图 比例1/4500

建筑用地边界线

N

060

屋顶
氟树脂涂抹镀铝锌钢板 t=0.5mm
金属屋面SX-40 @500mm
塑胶沥青屋面 t=1.0mm
基层隔热复合板（高压水泥刨花板）t=20mm
发泡石碳酸 t=30mm（40kg/m³）
石碳酸胶合板 t=40mm（40kg/m³）

外墙
ALC t=100mm + 赖氨酸涂装

室外机放置

地面
防水灰浆抹泥刀 t=30mm
轻量混凝 t=80mm
隔热材料 t=100mm
防水沥青（隔热工法）

215
250

屋顶天窗
氟树脂隔涂装镀铝锌钢板 t=0.5mm
h=250 @500mm
基层「锌铁板」t=1.6mm
泛水金属檐 溶解镀锌

天花板
PB t=12.5mm + AEP

墙
PB t=12.5mm + AEP

天花板
PB t=12.5mm + AEP

住宿室

阳台

地面
木制甲板（黄榴桉）t=30mm
棱木·横木 70mm×70mm @455mm
轻量混凝土 t=80mm
隔热材料 t=100mm
防水沥青（隔热工法）

屋檐天花板
水泥刨花板

聚光灯

扶手·支柱
FB-6mm×32mm+OP

地面
地板 t=15mm
地热板 t=15mm
胶合板 t=15mm
隔音

走廊

墙壁
水泥刨花板原材 t=15mm
（兴亚不燃工业）
强化 PB t=15mm×2mm

地面
地板 t=15mm
胶合板 t=15mm
横木□45mm×45mm @455mm

地面间接照明

天花板
直板 + SOP

天花板散热孔
防火复合板
（防火壁材）
t=6mm@150mm

天花板
PB t=12.5mm + AEP

扶手·支柱
FB-6mm×32mm+OP

住宿室

空调箱

天花板
PB t=12.5mm + AEP

百叶窗

檐口天花板
水泥刨花板

地面
地板 t=15mm
胶合板 t=15mm
横梁□45mm×45mm @455mm

墙壁
水泥刨花板原材 t=15mm
（兴亚不燃工业）
加固PB t=15mm×2mm

地面间接照明

走廊

地面
地板 t=15mm
胶合板 t=15mm
横木口45mm×45mm @455mm

楼梯踏步·立面
胶合板 t=15mm

檐口天花板
水泥刨花板

阳台

地面
木头甲板
（黄榴桉）t=30mm
棱木·横木
70mm×70mm @455mm

通道
St格栅 + OP

隔热材料涂装 t=50mm

檐顶
硅酸钙
t=6mm（间缝）+ UE

扶手 St-FB 32mm×6mm+OP
支柱 St□50mm×30mm+OP

工作区域

地面
钢筋混凝土抹泥刀加工

柱子
防火膜硅酸钙 t=25mm + UE

墙壁
赖氨酸涂布

墙井
(配重)

涌水井

涌水井

剖面详图 比例1/90

8,350
8,650
9,900
1,750
1,650
1,750
1,860
1,130
3,680
7,950
3,550
2,350
2,540
1,050
300
300
150
150
30
5,270

2-820
3,600
3,000
3,775
13,195

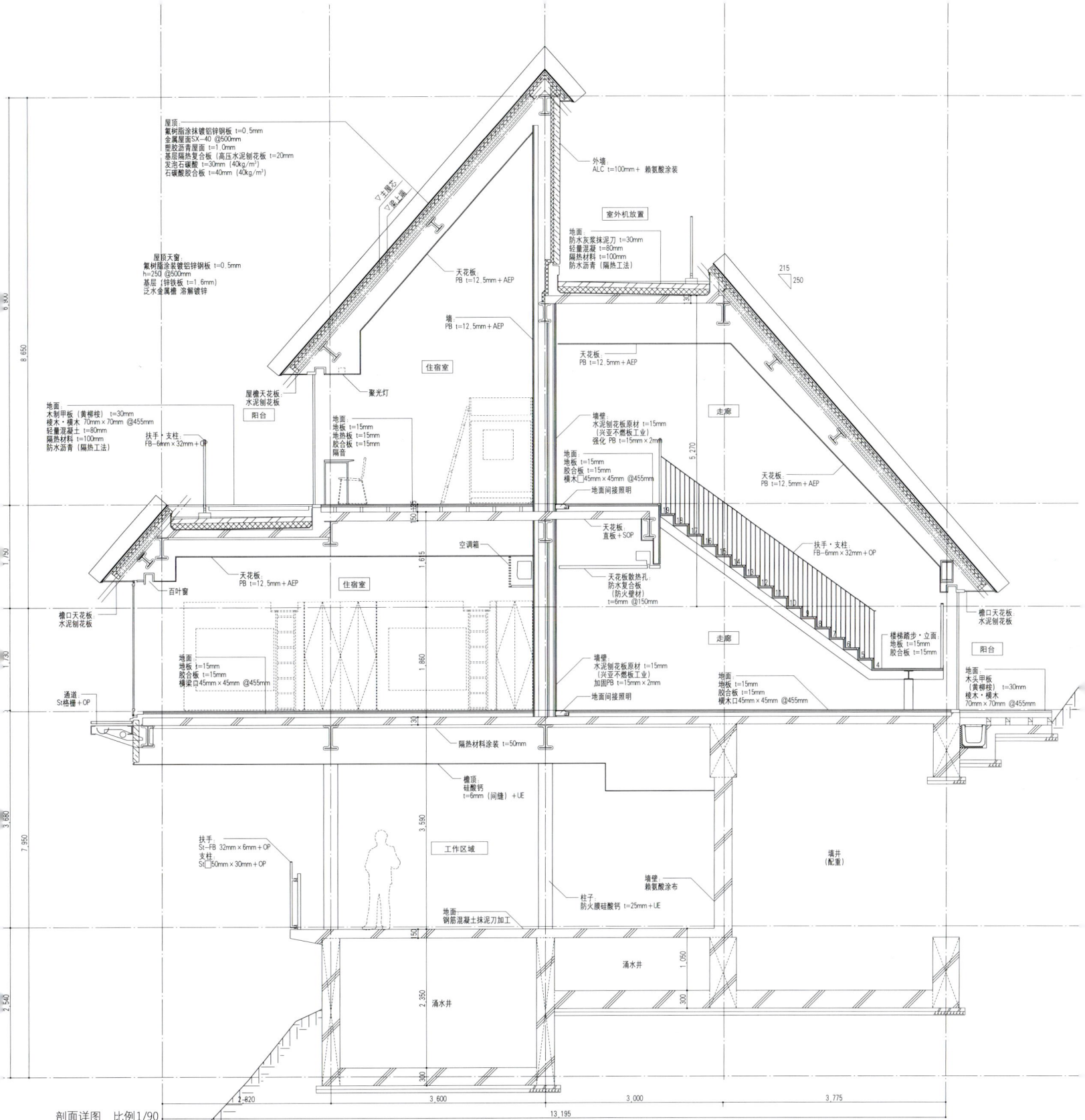

设计｜建筑　限研吾建筑都市设计事务所
构造　金箱构造设计事务所
设备　森村设计
施工　大成建设
基地面积　37282m²
建筑占地面积　1421m²
总建筑面积　1999m²
层数　地下1层　地上2层
结构　钢结构 局部钢筋混凝土结构
工期　2009年8月～2010年5月
摄影　日本《新建筑》写真部
翻译　林伯瑜，张光玮

2层北侧的住宿空间。

西侧谈话室的悬檐。外皮为氟树脂涂装收头的镀铝锌钢板。

蘑菇与受动性和自发性

隈研吾（建筑师）

建筑这一种"生物"

我总觉得，不论在都市中，还是大自然中，建造的方法都没有太大的区别。

都市如此，森林也是如此，对我而言无论是哪一个都意味着"自然"，是在广义上错综联系、相互依存的综合体。在这之中，建筑为一个"生物体"，要让它好好存活，让它生存下去，与周围的环境相互依存，构筑幸福的关系，并永续下去。设计便是这项作业的代名词。这次的两个项目——一个位于春日井市密集的住宅区，一个位于正对着浅间山的小诸森林中，从上述意义来说，便有了共同点。

搜寻能够生存的蘑菇

首先我们勘察地面，无论是在都市还是森林，为了感知什么样的生物能在那里存活（例如蘑菇），要对地面进行踏实的研究。

接下来对该地面上可能存活的蘑菇（生物）进行搜索，具体来说，找到一个构成建筑的单位（Unit）。在春日井市的街区中，种下了曾在米兰的斯福尔扎古堡的中庭生长的蘑菇，这个蘑菇（Unit）为60mm见方的由桧木组成的500mm方格，不使用任何的钉物，

而只以扭转的方式来繁衍，名为千鸟格子系统。但位于春日井市单元构成的与在斯福尔扎的单元构成并不是完全相同的，尺寸稍大（斯福尔扎断面为30mm，方格为240mm）。要了解多大的单元，才能与构成这一个城镇的"粒子"达成平衡与友好关系，这需要慢慢研究。发现适当的单元后，接下来就是对这个单元可能生存的领域进行研究。春日井市的法令限高为10m，在这样的情况下该如何能够让蘑菇良好地存活。想象活动如何在蘑菇的间隙、上方和下方展开，蘑菇如何生长。可以说是蘑菇自发性地生长——我们选好蘑菇（Unit）之后，剩下的就是蘑菇自发性的生长了。这便是我们的设计手法。我们深信着蘑菇的生命力，以及超强的环境适应力。

建筑家几乎是旁观者

在小诸森林中选择的蘑菇，是以500mm的间距重复的小梁。小梁形状的蘑菇在屋顶上成长，在屋顶下也生存着。这个单元支撑着天花板的二级结构，大大的垂直立梃卷边在屋顶的金属屋面创造出阴影与韵律。在这个蘑菇的森林中，要营建怎样的生活方式？生活与蘑菇相互磨合，进而逐渐定型为蘑菇森林的形式——建筑师几乎是一个旁观者。蘑菇与生活时而对话，时而争执，构筑着森林的形态。建筑师只是候在一旁等待着。保持着惊人单纯性的单元答人的感觉是如此柔软，什么样的生活与行为都悄然地应对，并达到柔和的协调，而它自己却不自知，茫然以对。建筑师本来就是漠然的旁观者。生物对于环境的适应，对于在眼前环境相生所产生的韧性，只需待在一旁，接受它的冲击，建筑师这种被动存在的宿命，却直至现在也没有人指出来过。

当然如果没有选好合适的蘑菇（单元），也无法如此待在一旁。蘑菇不能太大，也不能太小；不能太硬，也不能太软。如果无法发现合适的蘑菇，不适应的蘑菇会立刻死亡，只残留干枯的地面。如果，发现正确的蘑菇，它就会如同突如其来的奇迹般，开始绽放光辉而美丽的时光。在这奇迹的自行发生之前，建筑师能做的只是呆呆站着——之后的都交给蘑菇。

提供：隈研吾建筑都市设计事务所

2007米兰三年展时在斯福尔扎古堡中庭展示的格子单元"CIDORI"（日本《新建筑》0707）

安藤百福纪念自然体验活动指导者培训中心内部的斜坡

福良的Looptecture

设计 远藤秀平建筑研究所
施工 森长组
所在地 兵库县淡路市
LOOPTECTURE FUKURA
architects: ENDO SHUHEI ARCHITECT INSTITUTE

位于淡路岛南端的福良港海啸防灾站的东南外观。连续钢板曲形墙面的形状是从6个不同的中心发展出的圆弧形墙面交差而成。计划在被预测海啸不会到达的2层以上的高度设置避难场所，其中配置了功能上所需要的空间。

北侧屋顶外观。圆弧形墙面由3种不同高度的钢板在现场熔接后，以研磨手法形成无接缝的表面。从屋顶上可以眺望福良港对岸，大良山上的"战没学徒纪念青年的广场"（1967年，设计：丹下健三）。

设计　远藤秀平建筑研究所
结构　陶器浩一/滋贺县立大学环境科学部
　　　S³ Associates
设备　GE设备计画
施工　森长组
用地面积　8501.70m²
建筑占地面积　310.04m²
总建筑面积　375.61m²
层数　地上2层　屋顶上小屋1层
结构　钢架结构
工期　2009年3月～2010年3月
摄影　日本《新建筑》写真部（特记除外）
*提供　远藤秀平建筑研究所

从2层的楼梯间大厅向上观望。光线从圆形采光天窗上洒下来。

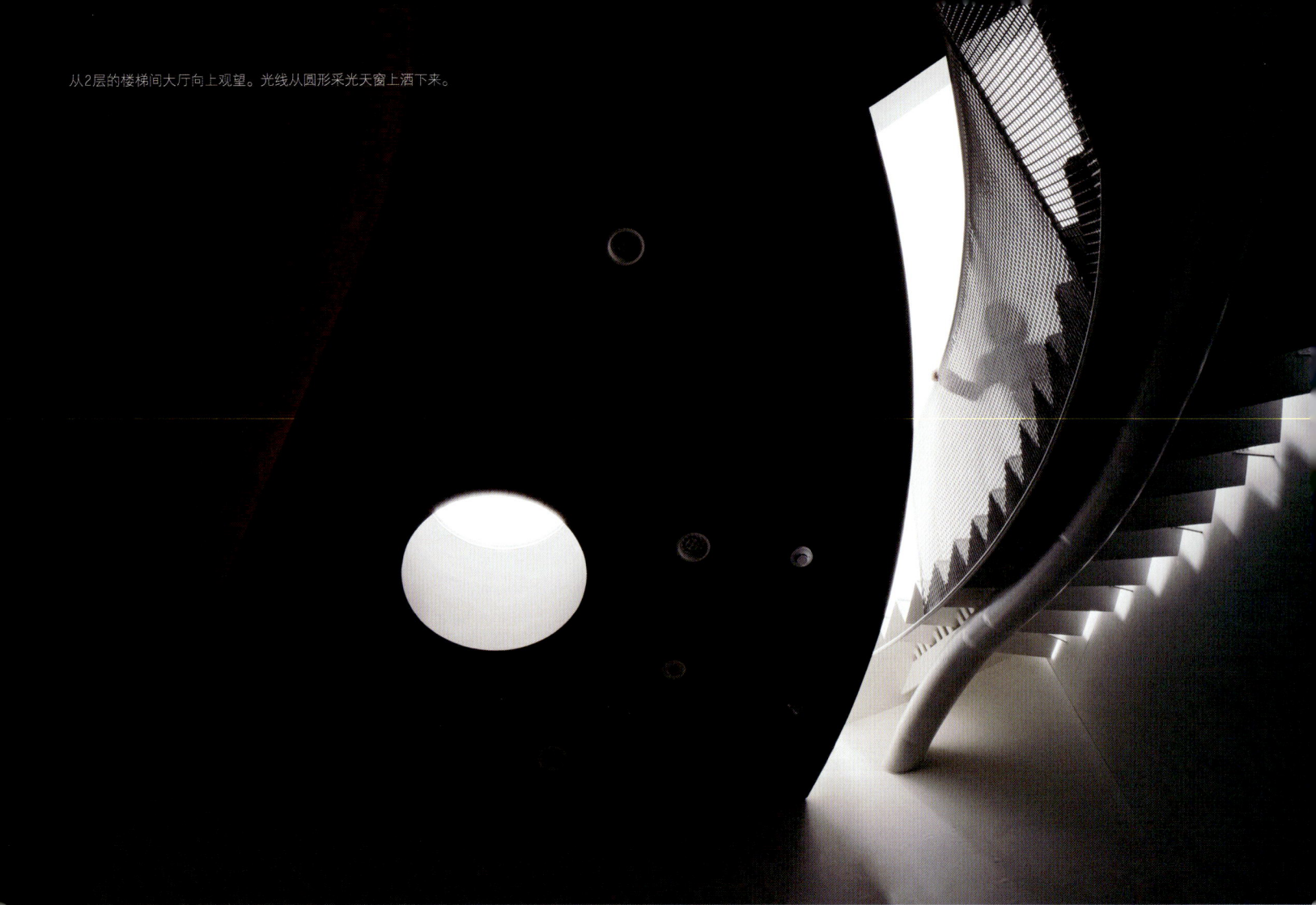

1层的步廊道。地面由多孔混凝土、瓦片接缝与仿自然砌法的淡路砂岩构成。

以曲面玻璃分隔空间的1层大厅。大厅入口的门扇上设计有与建筑平面相同的几何图形。

连续带状结构

项目用地在淡路岛南端福良港，是著名旅游地的观潮船码头。这个用地具有作为旅游地的日常的一面，同时也具有当兵库县内东南海和南海地震发生时，受海啸影响最大的地点的非日常一面。福良港海啸防灾站的设立目的是监视港湾并统一控制水闸，以及对县内的小学生和一般游客进行有关海啸的启蒙教育，也兼具有当海啸来袭时，充当游客用避难场所的功能。

平面设定了具有6个中心的连续圆弧形墙面。整体的造型使建筑应对外力时具有合理的结构，并将圆弧形墙面在垂直方向立体的交叉，来确保必要的房间。为了能够成为灾害时的避难场所，2层与屋顶的层高设计在预想的海啸高度以上。

为考虑搬进现场时的便利性、施工性及减短工期，连续带状的耐候钢结构，预先在工场制造并分割成60片倾斜约5度的钢板。钢板搬进用地后，在现场熔接成长约120m、宽约7.2m的连续带状无接缝结构体。

希望这个设计具有带状结构体及无接缝耐候钢外墙的建筑的抽象性及象征性的表情，能成为日常时就能意识到非日常避难行为的起点。

（远藤秀平）

构成圆弧造型的确定因素

防灾站的功能可分为3大部分。首先是监视港湾与控制水门的中央设施控制室。其次是海啸启蒙教育用的防灾学习室与展示空间，最后是连结这些机能的入口大厅。在用地中，这些机能以适当的面积安排在合适的位置上。为满足业主所要求的详细功能与结构性，建筑空间以数个同样中心的圆弧连续构成的线型来固定。

（高丽宪志/远藤秀平建筑研究所）

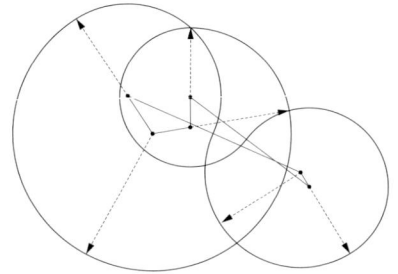

几何图形　比例1/500

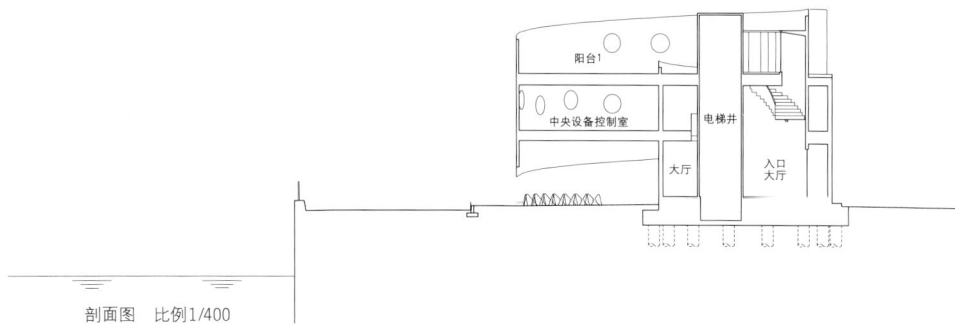

剖面图　比例1/400

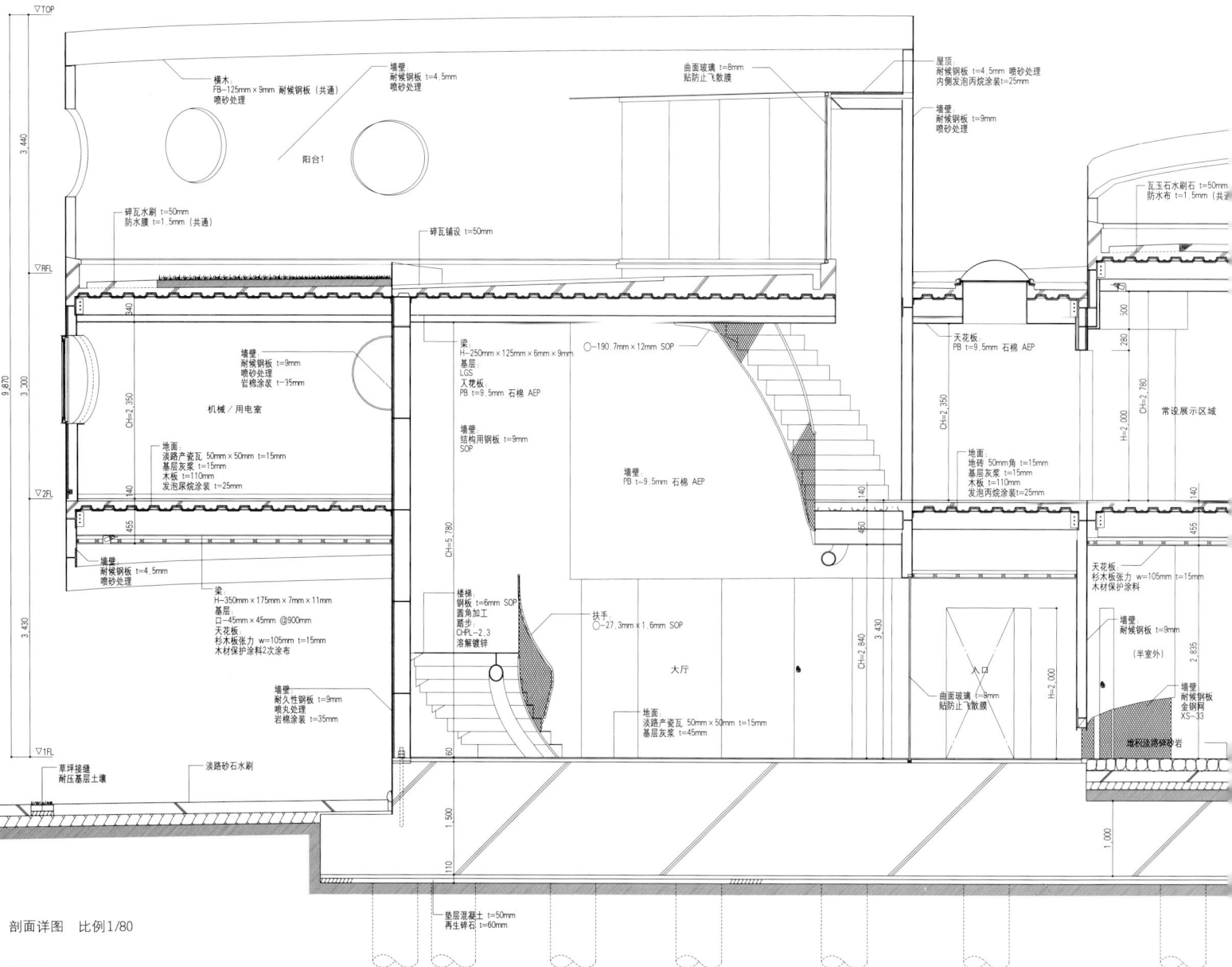

剖面详图　比例1/80

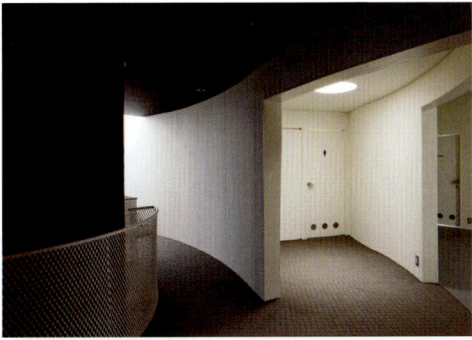

左上:并列的曲形墙面及2层的电梯大厅。最左方是走廊,中间是厕所,右方是常设展览空间。左下:2层的中央设施控制室。墙面上以对结构无影响的间隔配置了圆形的窗户,并可以纵览港湾。
右:鸟瞰南西外观。屋顶上有绿化。

留白的造型——关于景观

　　相对于檐头的三次元立体曲线,地表采用的是单纯的二次元平面构成。随着视线的移动,人们注视的檐头上的点是滑动的。而地表的二次元平面有助于观测与地面距离的连续变化。这个距离的变化并未被具体地描绘出来,但经由视线移动的经验,在檐头与地表间所存在的空间之断面便被流畅地构成,浮现出来。而直线的植草接缝及曲线的瓦片接缝,强调出二次元平面的特性。仿自然砌法的砂岩表现了建筑与地表间的不同秩序所形成的龟裂,并象征如旋涡一般,从港口这样的人造土地上破土而出的力量。　　　　(武田史郎/武田计画室)

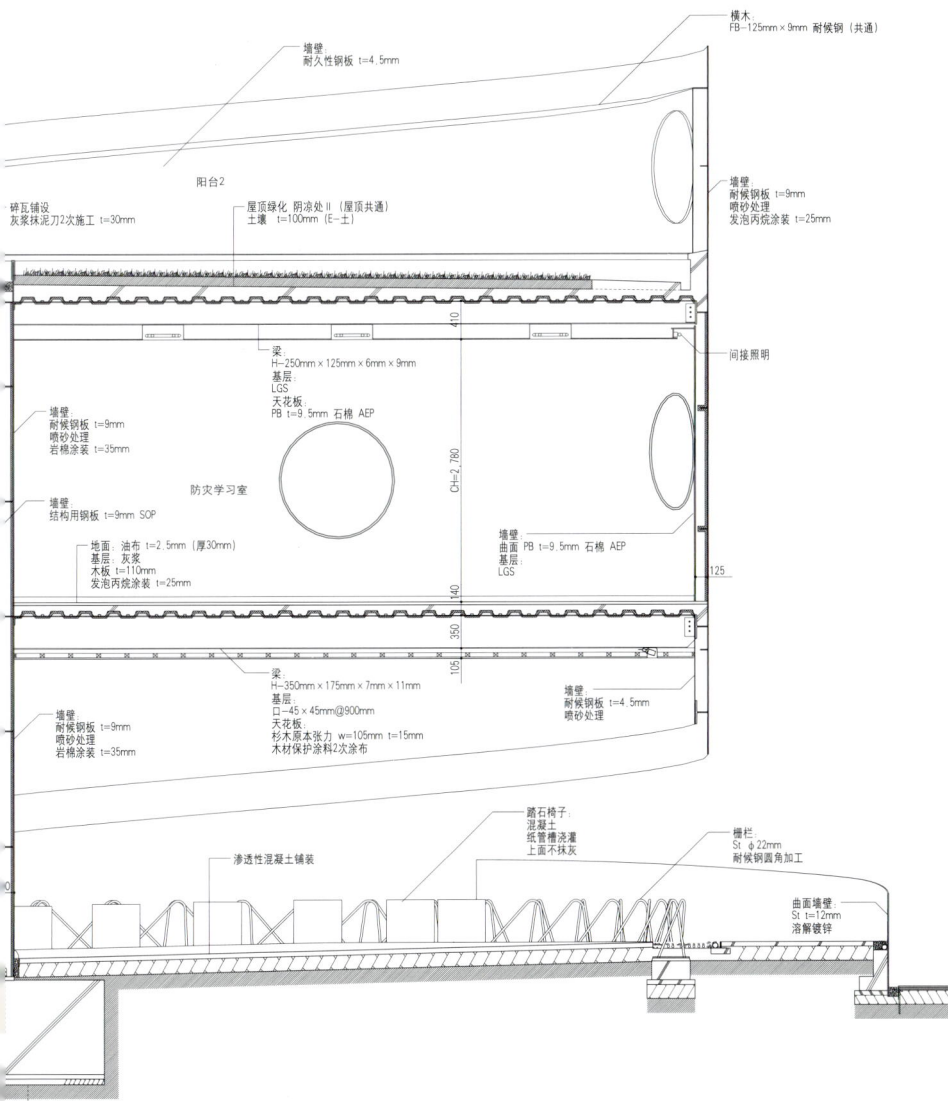

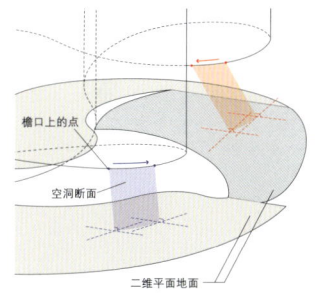

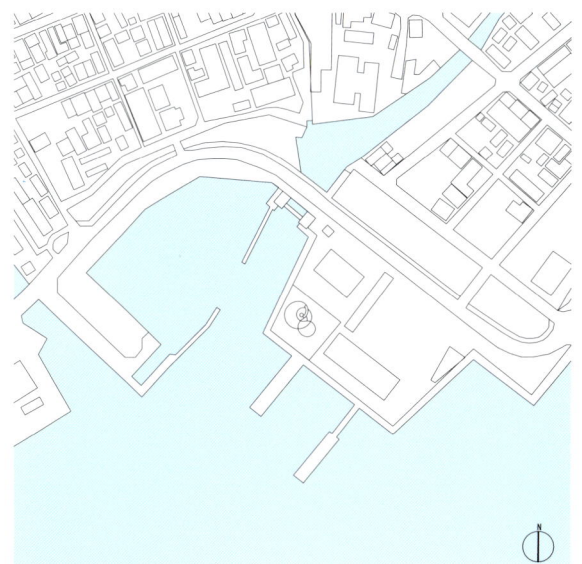

总平面图　比例1/5000

东北面外观。 1层是步廊道。中心的双层墙面支持着悬臂梁。全体是由60片宽约2.4m、长约10m的钢板熔接成总高度7m、总长度120m的墙面来做的。

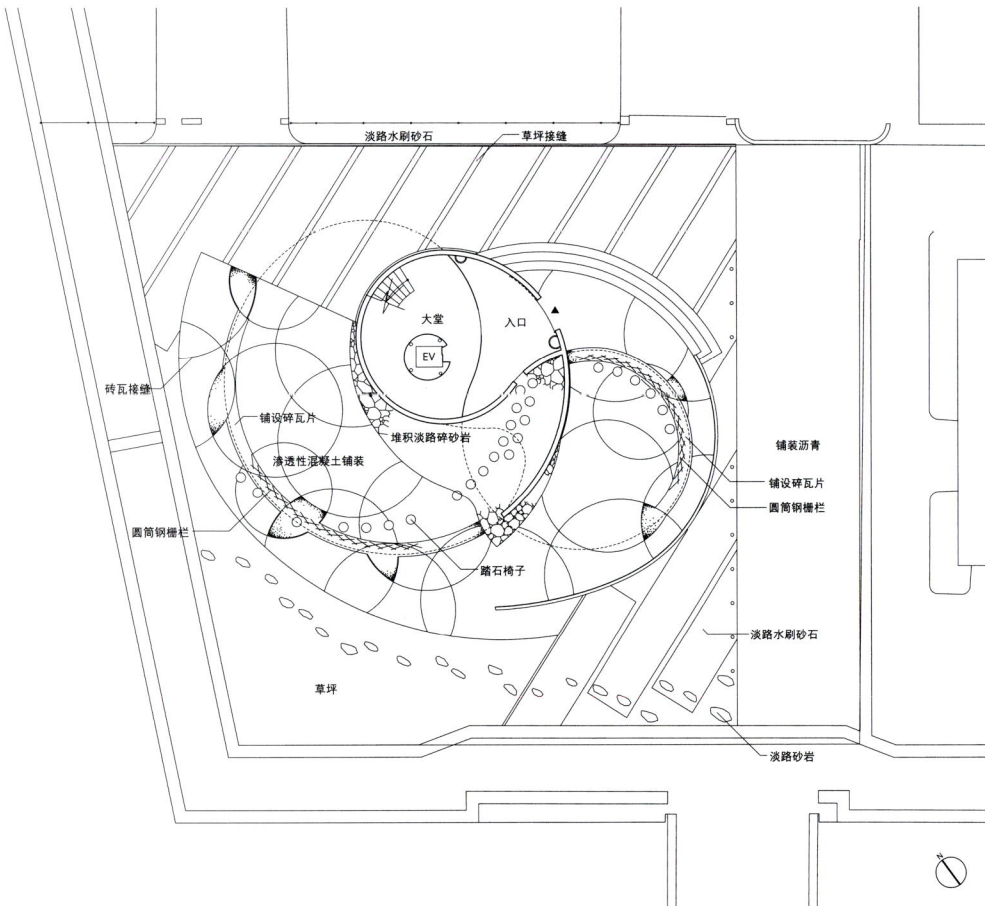

淡路水刷砂石 ——草坪接缝

砖瓦接缝

铺设碎瓦片

渗透性混凝土铺装

圆筒钢栅栏

草坪

大堂　入口　▲

EV

堆积淡路碎砂岩

铺装沥青

铺设碎瓦片

圆筒钢栅栏

踏石椅子

淡路水刷砂石

淡路砂岩

1层平面图　比例1/400

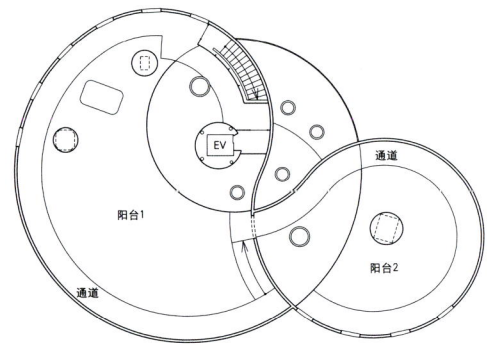

通道

阳台1

EV

通道

阳台2

屋顶平面图

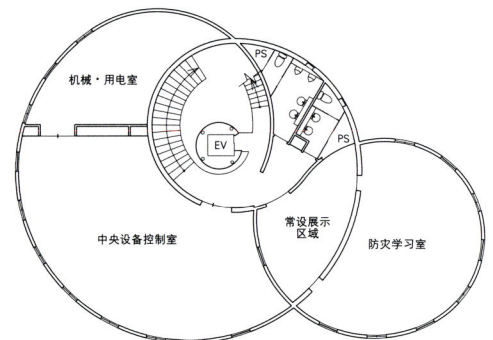

机械·用电室　　PS

EV

PS

中央设备控制室

常设展示区域

防灾学习室

2层平面图

项目
淡路人偶会馆(暂定名称)

设计　远藤秀平建筑研究所
所在地　兵库县南淡路市
AWAJI NINGYO JORURI THEATER
architects: ENDO SHUHEI ARCHITECT INSTITUTE

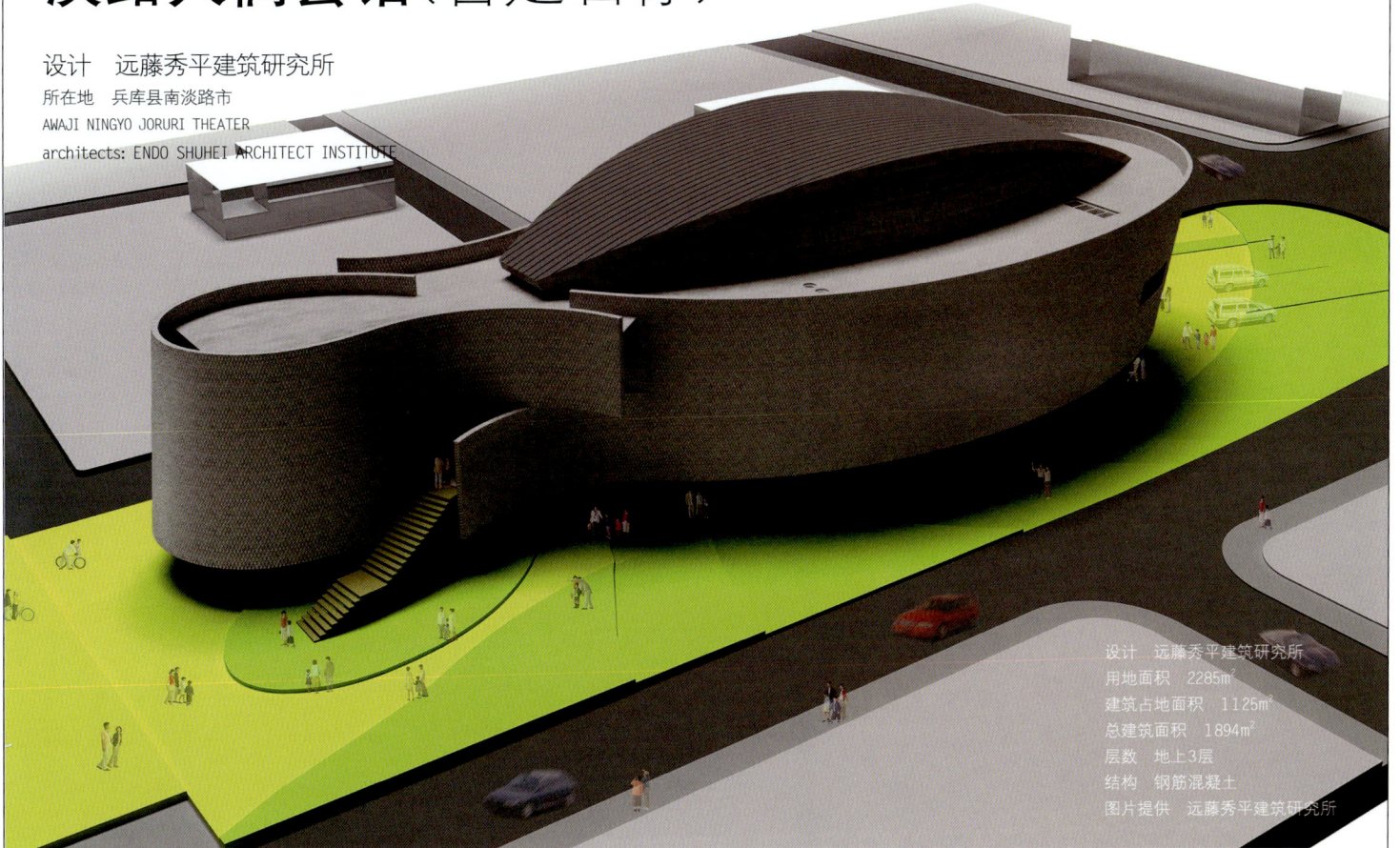

设计　远藤秀平建筑研究所
用地面积　2285m²
建筑占地面积　1125m²
总建筑面积　1894m²
层数　地上3层
结构　钢筋混凝土
图片提供　远藤秀平建筑研究所

　　这是另外一个在淡路岛南端福良港附近的地段上正在进行的项目。主要用途是在东南海、南海地震发生海啸灾害的提供临时的避难扬所，及淡路人形净**瑠璃**(译者注:日本传统艺能之一的傀儡戏)的专用剧院。

　　主要的设计条件是在预期海啸高度以下的1层设计步廊道，2层以上设计避难场所兼剧院，屋顶也能确保避难用的建筑面积。主体结构是钢筋混凝土。一系列的墙面像画8字形一般围塑成必要的空间，并保持这些内部空间整体的连续性。这些墙面是将主机能、伴随主机能的次机能以及其他机能可以平稳而顺畅地结合的连续墙面。

　　舞台与观众席被设置在由大型圆弧连续墙面所形成的空间之中。墙面最大倾斜角度是8度，面积由地面向天花板渐渐变宽。其他设备与实用性空间则以适当的小型圆弧来围塑，面积由地面向天花板方向变窄。然后，部分墙面在这两种空间中交错，让墙面的表与里反转。在这建筑中，入口大厅与展览空间是既非表也非里的互补空间。这部分的上层空间中，太夫(译者注:在人形净瑠璃剧中，担任旁白的人)与操纵人偶演员的更衣室与排练厅则是以配置成像大型圆弧跨在小型圆弧的手法，来设定立体的表里关系。至于形成入口附近及贩卖部的墙面，则有一半对外开放以显示开放性。

　　这幢建筑在机能与声环境上，是被要求能阻断内外的。然而对这既面海，又有汽笛声，游客与居民等往来人潮不断的地方而言，封闭并不合适。希望空间互补的开放与倾斜墙面所具有的多变表情，能改变这场所的间隔感。

(田中麻美子/远藤秀平建筑研究所)

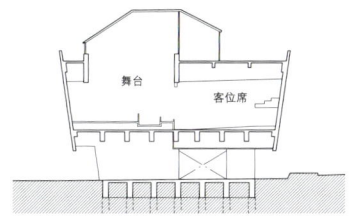

剖面图　比例1/800

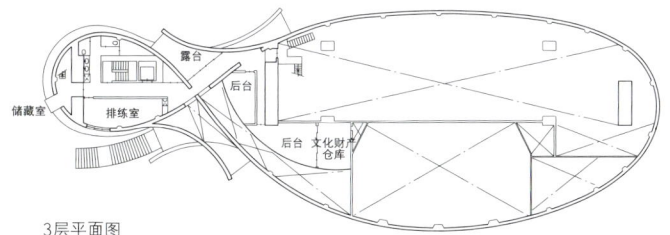

几何图形　比例1/1200

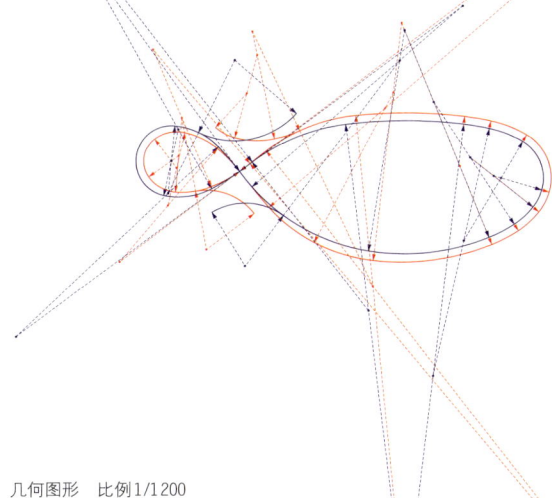

3层平面图

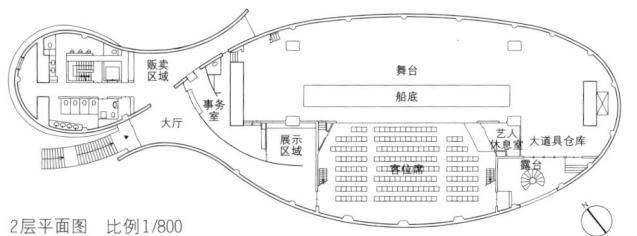

2层平面图　比例1/800

柔软而又具有弹性的统构体

是什么能成为防灾的象征?远藤先生认为是"从灾害中重新振作的力量"。也就是能将自然的惊异力量,如弹簧一般反弹回去,既柔软又有力地守护着人们。为具体实现这个概念,选择了既柔亦钢的钢板为材料,并发挥"面"的特性。以圆弧形的曲面墙互相交错,并使其能满足从地平线浮上的意象所需之空间与机能,来构成建筑的造型。将延展开后成为高约7m、总长约120m的圆弧墙面的高度3等分,再分割成为60片宽约2.4m、长约10m的钢板。

为避免结构上出现脆弱的部分,垂直接缝不用一直线而是用将其互相错开的方式来熔接。单片的钢板经由现场熔接,而成为一体。接缝在仔细研磨后,便完成无接缝表面。

整体墙面虽是一大片钢板,然而依照钢板的位置,各部分的机能随之变化。与地面连接的部分是抵抗重力、地震或海啸等横向外力的中心,从这儿渐渐一边浮出,一边交差的部分是浮在空中,具有弯曲悬臂大梁的建筑物。在各部分渐有不同分工的同时,建筑整体成为柔软地反弹海啸的结构体。

(陶器浩一/滋贺县立大学环境科学部)

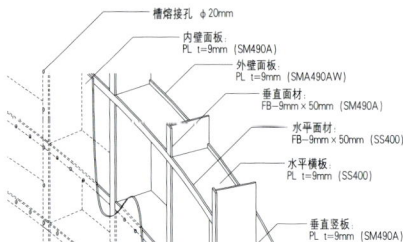

双重墙面构成 比例1/40

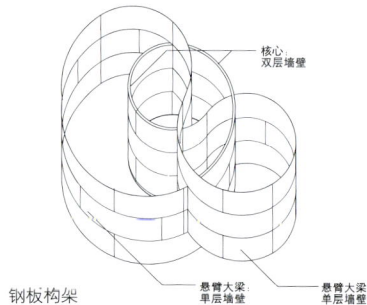

钢板构架

施工顺序

在工场将9mm的耐候性钢板以角钢及面材熔接成大型钢板,再按照熔接顺序搬进用地后,以现场熔接方式组装。组装顺序是,首先,设置在建筑物中央,6字形的结构体,以双层钢板组到第2层,再一边设置外侧的临时支架,一边设置各种尺寸的悬臂到第2层。最后组装最上层,也就是第3层。悬臂是以双层钢板与梁来连接。在屋面楼板的水泥铺设结束后,将临时支架拆除。

(高丽宪志/远藤秀平建筑研究所)

*施工中的状况∶1)屋面楼板、2)将圆弧墙面的几何图形在地面上放样、3)地基工程、4)中空楼板铸造完成、5)约204m×10m铜板的1段、6)设置第1层、7)设置第2层、8)设置第3层、9)内装工程。

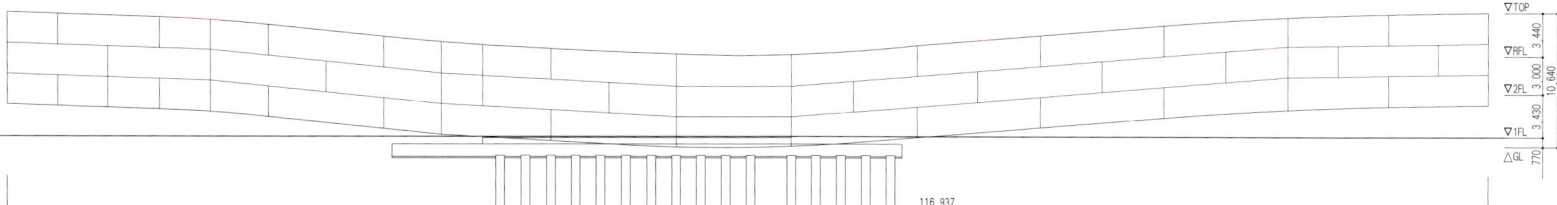

外墙钢板展开图 比例1/600

都筑N大厦

设计　早川邦彦建筑研究室
施工　岩井建设
所在地　神奈川县横滨市
TSUZUKI N BUILDING
architects: KUNIHIKO HAYAKAWA ARCHITECT & ASSOCIATES

透过电梯井可看到5层的办公空间(11)。地上5层的办公楼。在宽4.4m、进深31m的细长筒状空间里布置了厕所，空调等。

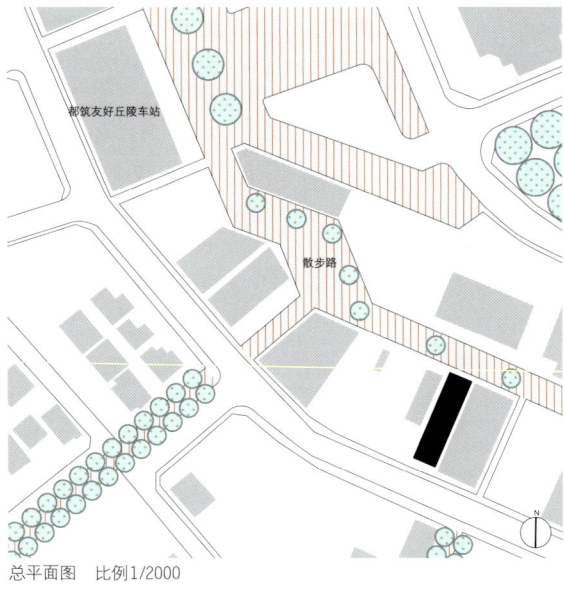

总平面图　比例1/2000

傍晚从步行道看北侧的景色。2、3层外墙上使用聚碳酸酯塑料百叶。

南侧外观。建在宽度5.7m，进深33m的细长形用地上。从由厚度300mm的墙柱支撑的门形框架结构的立面上挑出楼梯、空调平台。

5层的办公空间（11）天花高为3050m，比其他层略高。贴有防火性装饰胶片的天花映衬出周围的景色。

眺望3层的作业空间。所有的管道都集中配置在地下，分散的小空间将来可以移动。前面是贯穿整个楼层的直通楼梯。

西侧外观。随机式样的开口外侧嵌入聚碳酸酯塑料百叶,与外墙构成一个整体。

如何应对特殊形状的用地——作为一个装置构成

"都筑N大厦"是一栋建设在南北与步行道和车行道邻接、正面宽为5.7m、进深33m的特殊形状用地上的健康食品公司办公楼。1层为介绍公司商品的陈列厅和商品搬运空间。2层、3层是分类和包装从静冈县工厂送来的商品的作业空间,4层是职工食堂和办公空间(1),5层是办公空间(11)。

因为用地形状极为细长,如果按通常的作法把电梯、楼梯、厕所、热水房、机械房、配管空间等都集中到核心筒设置的话,核心筒前的通道就会很长,同时整个空间将被一分为二,难以被有效利用。考虑到用地中的施工问题,建筑面宽做到4.7m左右,为极力确保内部空间,必须在结构上下功夫。也就是说,平面构成和结构对这个建筑来说是最大的课题。首先,由于采用了厚度300mm的墙柱门型框架结构,在结构上确保了4.4m的内部空间。为解决平面构成这一课题,不是把厕所、空调机房、热水房等集中成核心筒,而是作为小空间分散布置。这样,各层形成不同的平面构成,确保了各种不同功能所需的面积。为实现这种平面构成,在楼体地面和衔接层之间250mm的空隙中集中设置所有的配管(给排水、换排气、电线、空调等),同时把管道井设置在300mm厚度的外墙里。也就是说"都筑N大厦"好像是一个平面构成,结构和设备之间密切相关的、一体化的装置。除电梯、直通楼梯外,其他都可以自由移动,变化位置,可以灵活对应将来的不同需要。内墙4.4m的细筒状空间中林立着各种灵活、连续的小空间,给办公楼带来整体感。同时,面对步行道的立面上利用半透明百叶做出有亲切感的尺度,反面邻车行道一侧的立面上设计从3层的框架处挑出楼梯等部分,使建筑在不同的街景里呈现出不同的风景。

(早川邦彦)

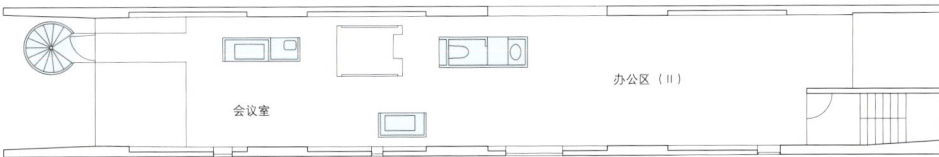
5层平面图

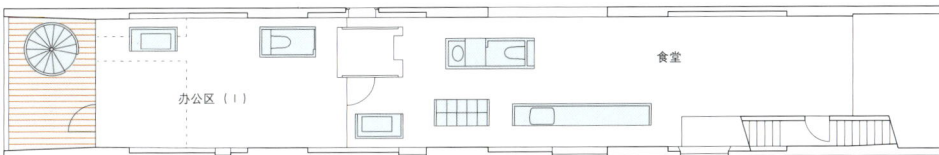
4层平面图

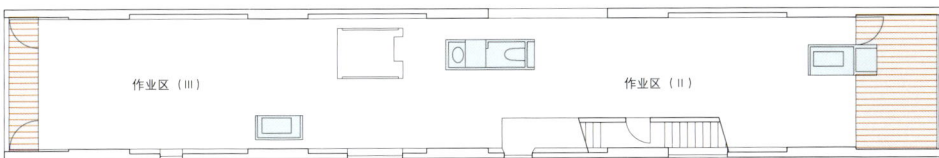
3层平面图

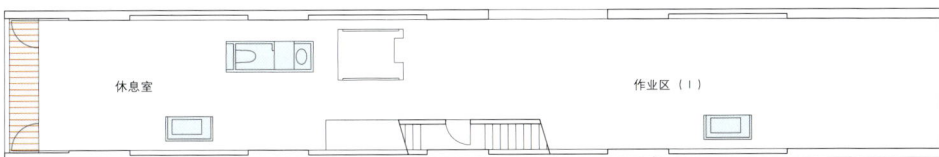
2层平面图

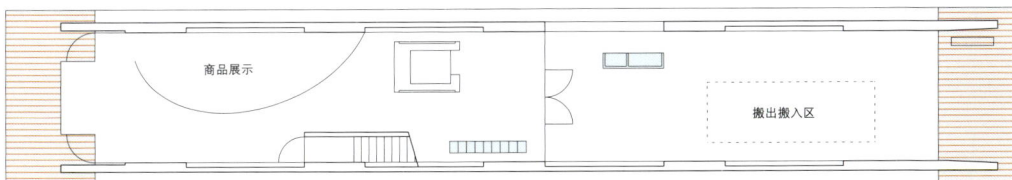
1层平面图　比例1/250

── 用电配线	── 冷却管
── 给水管	── 通风管
── 排水管	── 排气配管

墙壁:
PB t=12.5mm
不燃装饰贴膜（壁纸）
充填玻璃棉45mm
隔音贴膜

成型水泥板（钢丝板）切口 SOP
升降通道内部 SOP

开关接线盒
SUS t=1.6mm 加工

厕所间门:
St-PL t=1.6mm 施工
滑动锁 纵轴回转
不燃装饰贴膜（壁纸）
填充玻璃棉35mm

成型水泥板
（钢丝板） t=60mm

RC墙壁
隔热涂料 特定色

5,880

电梯

空调机

隔热强化玻璃
t=10mm

St-L 150mm×90mm×9mm
切口 SOP

木质胶合板门
t=30mm AEP

配电机门:
St-PL t=1.6mm 施工
不燃装饰贴膜（壁纸）

墙壁:
贴PB t=12.5mm×2张
不燃装饰贴膜（壁纸）
填充玻璃棉45mm

空调机门:
St-PL t=1.6mm 加工
不燃装饰贴膜（壁纸）
填充玻璃棉45mm
隔音贴膜

空调机门:
St-PL t=1.6mm 施工
不燃装饰贴膜（壁纸）
填充玻璃棉45mm
隔音贴膜

空调机

地面:
木质地板革
活动地板
地面插座开口施工

RC墙壁
隔热涂料 特定色

铝框
铁丝玻璃
t=6.8mm
乳白色贴膜

墙壁:
PB t=12.5mm
不燃装饰贴膜（壁纸）
填充玻璃棉45mm
隔音贴膜

PB墙壁
PB t=12.5mm AEP
发泡尿烷涂装 t=30mm

PB墙壁
PB t=12.5mm AEP
发泡尿烷涂装 t=30mm

RC墙壁
隔热涂料 特定色

地面:
木板
活动地板
地面插座开口施工

铝框
铁丝玻璃
t=6.8mm
乳白色贴膜

浇筑混凝土
着色防水剂涂布

聚碳酸酯 t=5mm 乳白
特殊粘接施工

聚碳酸酯 t=5mm 乳白
特殊粘接施工

X3　　　X4

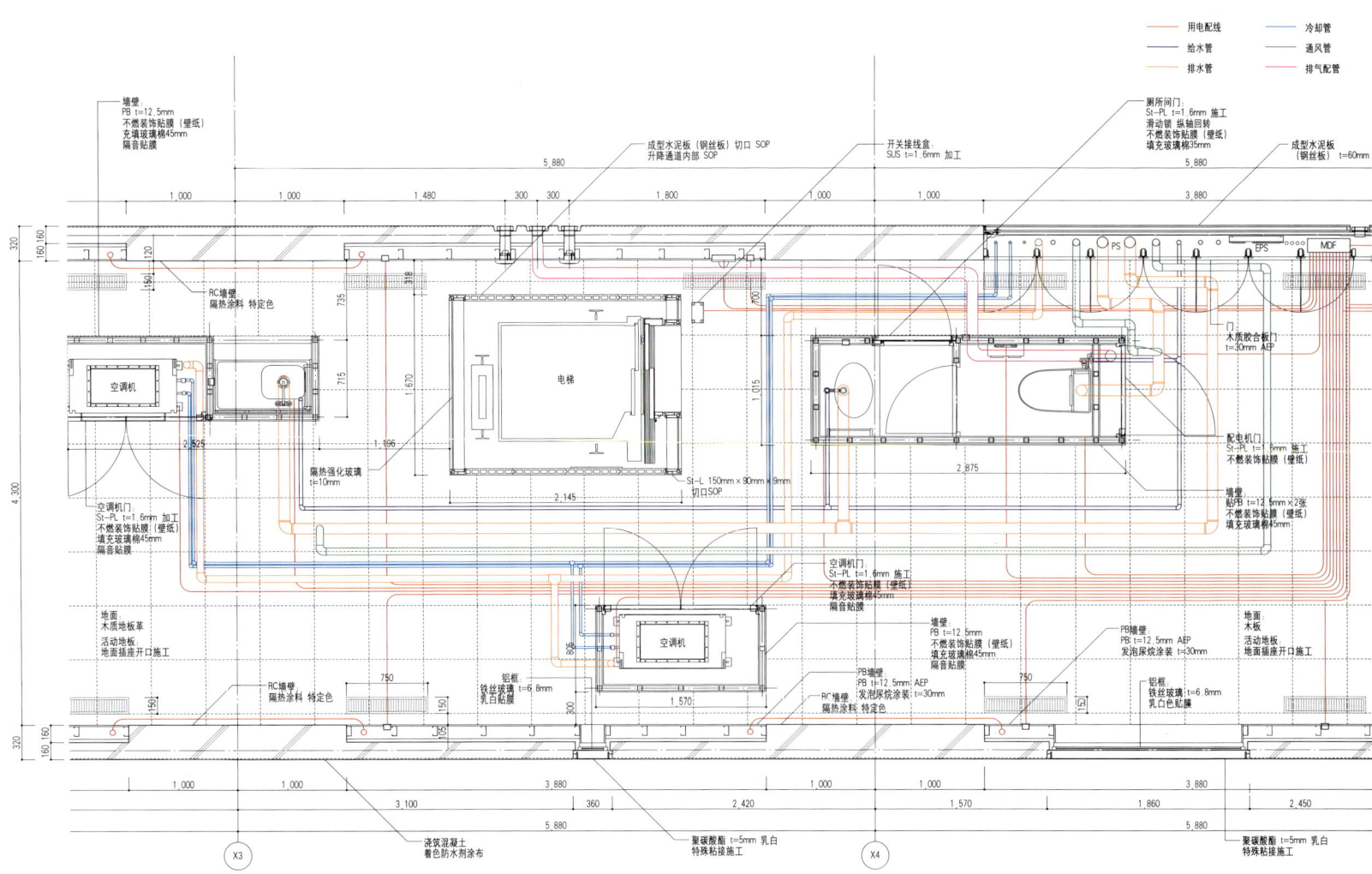

5层平面详图（地下配管） 比例1/60

4层办公空间(1)的共享空间。可以看到5层天桥通向避难用旋转楼梯。

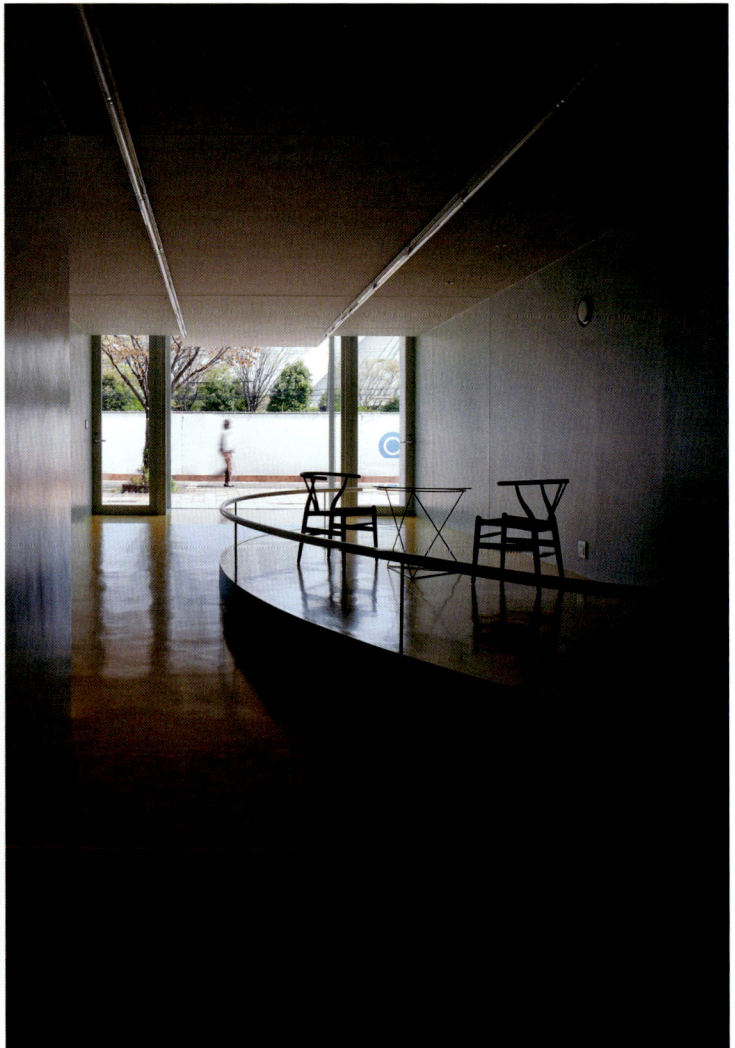

从1层的商品陈列空间看步行道。灵活运用用地的高差，将地面设计为缓坡。

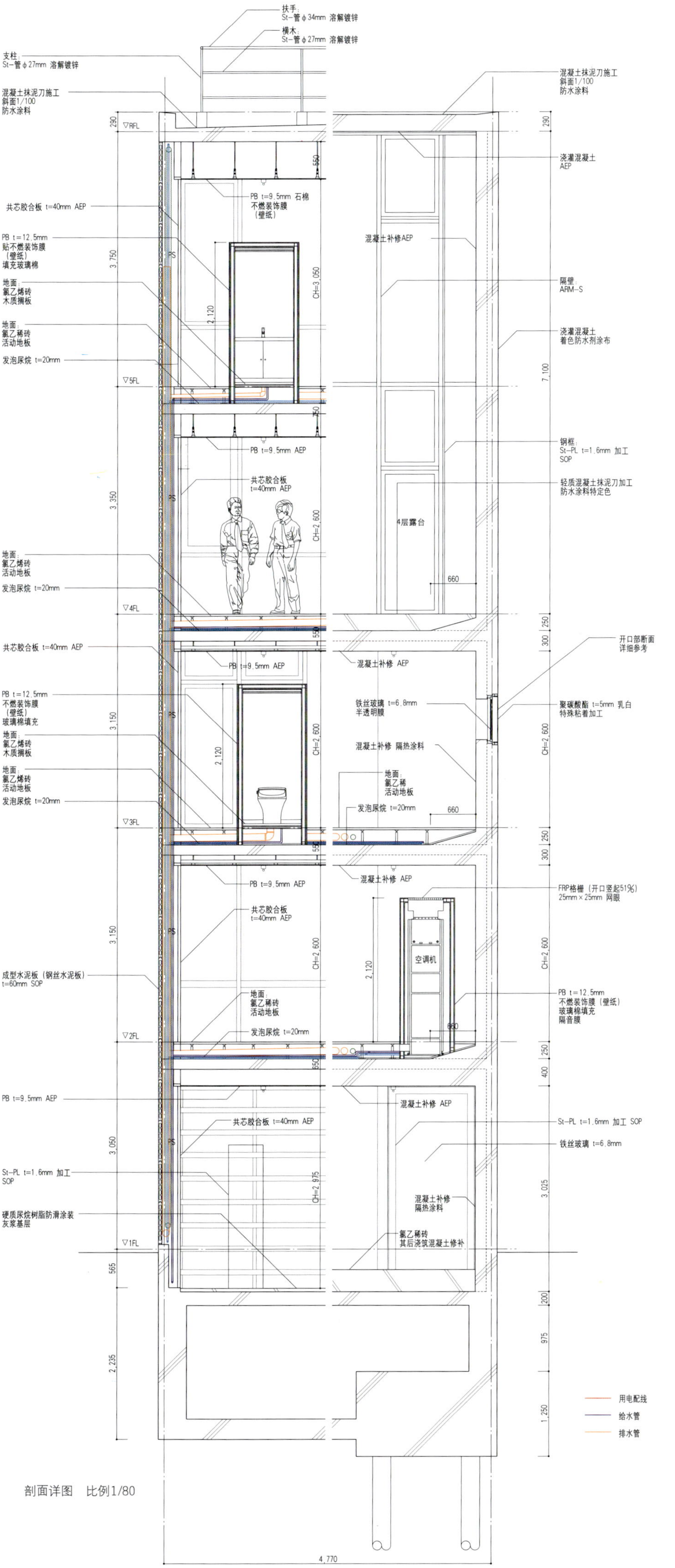
扶手:
St-管φ34mm 溶解镀锌
横木:
St-管φ27mm 溶解镀锌
支柱:
St-管φ27mm 溶解镀锌
混凝土抹泥刀施工
斜面1/100
防水涂料
共芯胶合板 t=40mm AEP
PB t=12.5mm
贴不燃装饰膜
(壁纸)
填充玻璃棉
地面:
氯乙烯砖
木质搁板
地面:
氯乙稀砖
活动地板
发泡尿烷 t=20mm
PB t=9.5mm 石棉
不燃装饰膜
(壁纸)
混凝土补修AEP
浇灌混凝土
AEP
隔壁:
ARM-S
浇灌混凝土
着色防水剂涂布
PB t=9.5mm AEP
共芯胶合板
t=40mm AEP
钢框:
St-PL t=1.6mm 加工
SOP
轻质混凝土抹泥刀加工
防水涂料特定色
4层露台
开口部断面
详细参考
混凝土补修 AEP
PB t=12.5mm
不燃装饰膜
(壁纸)
玻璃棉填充
铁丝玻璃 t=6.8mm
半透明膜
聚碳酸酯 t=5mm 乳白
特殊粘着加工
混凝土补修 隔热涂料
地面:
氯乙稀
活动地板
发泡尿烷 t=20mm
FRP格栅(开口竖起51%)
25mm×25mm 网眼
空调机
成型水泥板(钢丝水泥板)
t=60mm SOP
PB t=12.5mm
不燃装饰膜(壁纸)
玻璃棉填充
隔音膜
混凝土补修 AEP
St-PL t=1.6mm 加工 SOP
铁丝玻璃 t=6.8mm
St-PL t=1.6mm 加工
SOP
混凝土补修
隔热涂料
硬质尿烷树脂防滑涂装
灰浆基层
氯乙稀砖
其后浇筑混凝土修补
▽RFL
▽5FL
▽4FL
▽3FL
▽2FL
▽1FL
4,770
用电配线
给水管
排水管
冷却管
通风管
排气导管

剖面详图　比例1/80

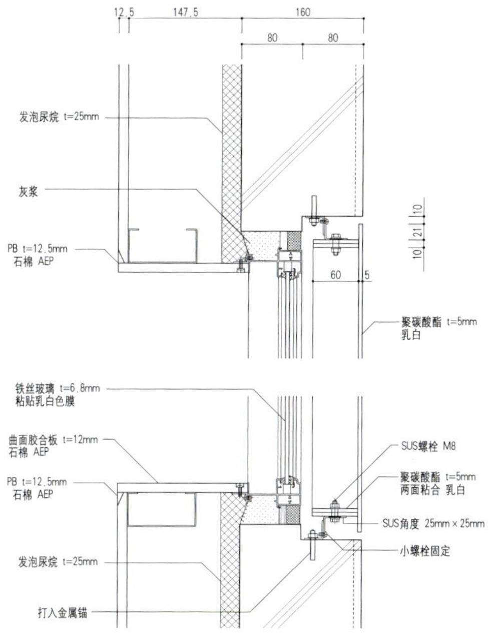
12.5
147.5
160
80
80
发泡尿烷 t=25mm
灰浆
PB t=12.5mm
石棉 AEP
聚碳酸酯 t=5mm
乳白
铁丝玻璃 t=6.8mm
粘贴乳白色膜
曲面胶合板 t=12mm
石棉 AEP
PB t=12.5mm
石棉 AEP
发泡尿烷 t=25mm
打入金属锚
SUS螺栓 M8
聚碳酸酯 t=5mm
两面粘合 乳白
SUS角度 25mm×25mm
小螺栓固定

开口部分剖面详图　比例1/10

上：设置在300mm墙柱里的配管空间。 下：从南侧道路看1层。打开商品搬运空间的百叶拉门后视线可贯通整个空间。

设计　建筑　早川邦彦建筑研究室
　　　结构　ISHI ASSOCIATES
　　　设备　空间设备咨询
施工　岩井建设
用地面积　191.46m²
建筑占地面积　146.43m²
总建筑面积　652.41m²
层数　地上5层　空调机房1层
结构　钢筋混凝土
工期　2009年5月～2010年4月
摄影　日本《新建筑》写真部

通过多种多样的阳台与街道建立联系

练马公寓

设计　长谷川豪建筑设计事务所
施工　MISAWA HOME东京
所在地　东京都练马区
NERIMA APARTMENT
architects: GO HASEGAWA & ASSOCIATES

西侧眺望。由20户出租户和最上层的房东户组成。由于基地三面开敞，所有的立面都设置开口。结合厚重的外墙，各个住户附带的阳台可与外部环境建立多种多样的连接。

东南侧眺望。前面是沿着站前大道排列的集合住宅区，背面则是独立住宅地，公寓恰好立于其间。

眺望独立住宅和集合住宅混杂的街道。外墙厚度预计为300mm，形成内外之间暧昧的界限。

直接从公共部分进入阳台的住户(503)。L形格局的房间(卧室、带厨房的餐厅)之外围绕L形的阳台，右边最里面是浴室。

西北角的住户(401)。在房间外设置L形的阳台，保证采光。

住户(404)的厨房。在厨房与后面细长的卧室之间，来着阳台和浴室。

小户型住户（403）的2层上空空间阳台。相比外侧墙体，内侧为厚度150mm的稍薄墙体，拉近了阳台与室内的关系。

从出租户（301）望向中厅。室内台阶为附带向外开放房间的特殊避难楼梯。

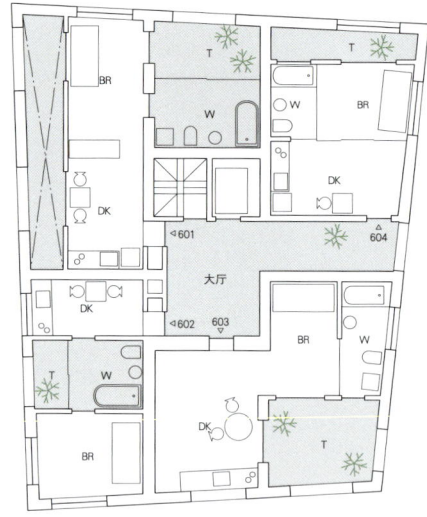

6层平面图

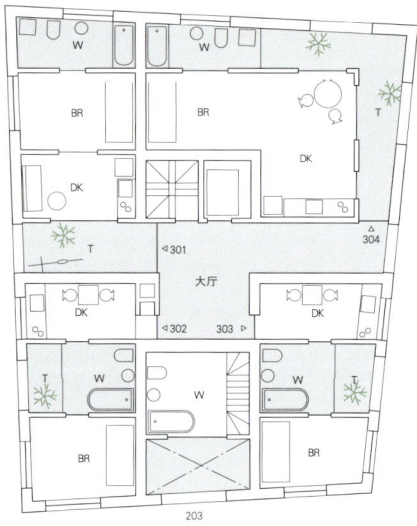

3层平面图

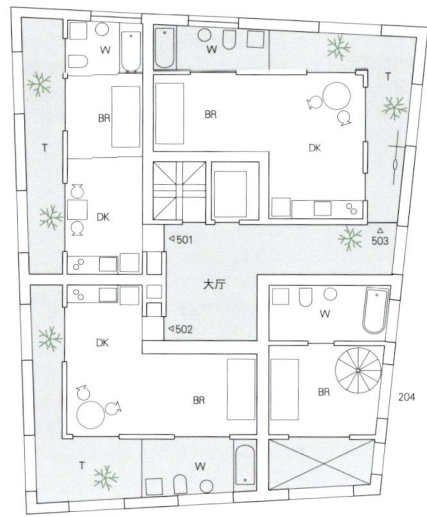

5层平面图

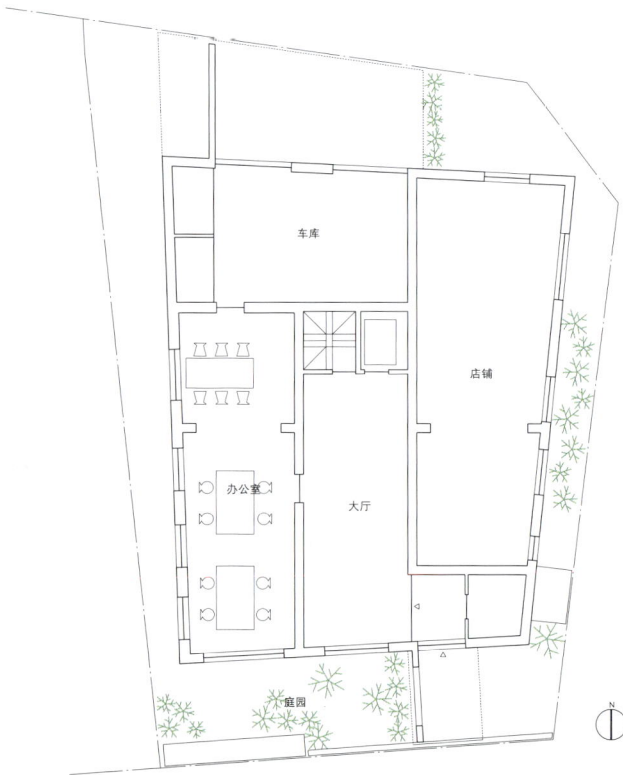

1层平面图　比例1/250

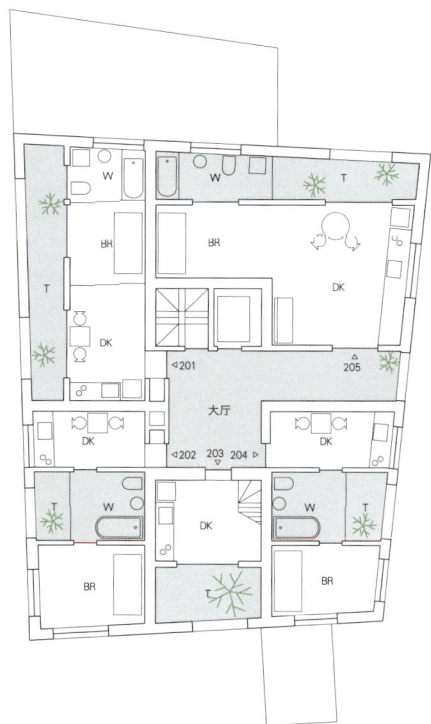

2层平面图

小户型住户(203)的3层只有浴室。

从浴室望向阳台(404)。浴室(W)、带厨房的餐厅(DK)、卧室(BR)和阳台(T)4个空间组合起来，构成一间住户。

贴近各种各样的阳台展开生活

4层平面详图　比例1/100

多种多样的空间

"我们生活的空间，不是毫无断点地无限延伸，也不是随处均匀地铺陈。然而，空间究竟是在何处崩塌、弯曲、断裂，而后重新连接起来的呢？"（《多种多样的空间》Georges Perec，水声社，2003）这本书从书页开始淡淡地记述着。床、寝室、公寓、集合住宅、大道、地区、街巷、乡村、国家、欧洲、世界、空间。。不起波澜，也没有任何说教。仅仅诱使我们去思考那些分隔出不同体量的"多种多样的空间"。Perec说："活着，就是从一个空间移动到另一个空间而尽量不撞到自己。"

东京的集合住宅

与可以描述为"各种各样空间"的欧洲街区城市相比，在一味密集而几乎没有所谓都市构造的东京，只能看到小空间与大都市的冲突。这种冲突在集合住宅中表现得尤为明显。

集合住宅的设计通常致力于分隔同一尺度的空间和解决小房间如何布局的问题或者容积率、高度限制、日照条件、结构、设备、私人空间.. 采光、通风、避难等集合住宅的参数。最糟的情况是房间（排布）和建筑外形这两种尺度无法建立联系。寝室和通道之间只隔一道墙，住户将窗帘严实地拉上。除了房间和都市，再没有其他的所谓"多种多样的空间"，所以东京的集合住宅会令人感觉透不过气来。

多种多样的阳台

练马公寓位于东京都内的站前大道边，共规划了出租式住户20套，最上层则为房东自己的住宅。沿着站前大道排列着集合住宅，其背面开始则变为独立住宅地，也就是说公寓恰好位于集合住宅区和独立住宅地的边界。

设计为各住户提供了如同独立住宅庭园的宽敞阳台，比房间还要大一圈。小户型住户配置了上空空间阳台；拐角房间配置了L形阳台；细长房间并排设置了长阳台等，这样一来各种房间都设置了独特的阳台。

住户通过各种各样的阳台眺望街景、俯瞰脚下、仰望天空，通过多种多样的方式与外部环境相连。此外，设计充分发挥基地三面开敞的条件，所有立面都没有开口，营造出甚至不像集合住宅的开放外观。

作为都市生存方式的集合住宅

虽说是很奇怪的说法，但各住户与这些宽敞的阳台一起生活就仿佛在和各种各样巨大的宠物一起生活。

虽然无法按照自己的想法随意变换，但就像自己的东西一样贴近着一起生活。住户需要具备想要自由运用这一空间的主体性。不凌驾于住户之上，也不为住户所凌驾，这样的阳台空间似乎是在试探在此居住的人。我们希望营造的是依托于都市生活，但身体却似乎从都市空间中脱离出来的状态。我们试图将集合住宅的空间作为都市中的生存方式对其进行思考。

（长谷川豪）

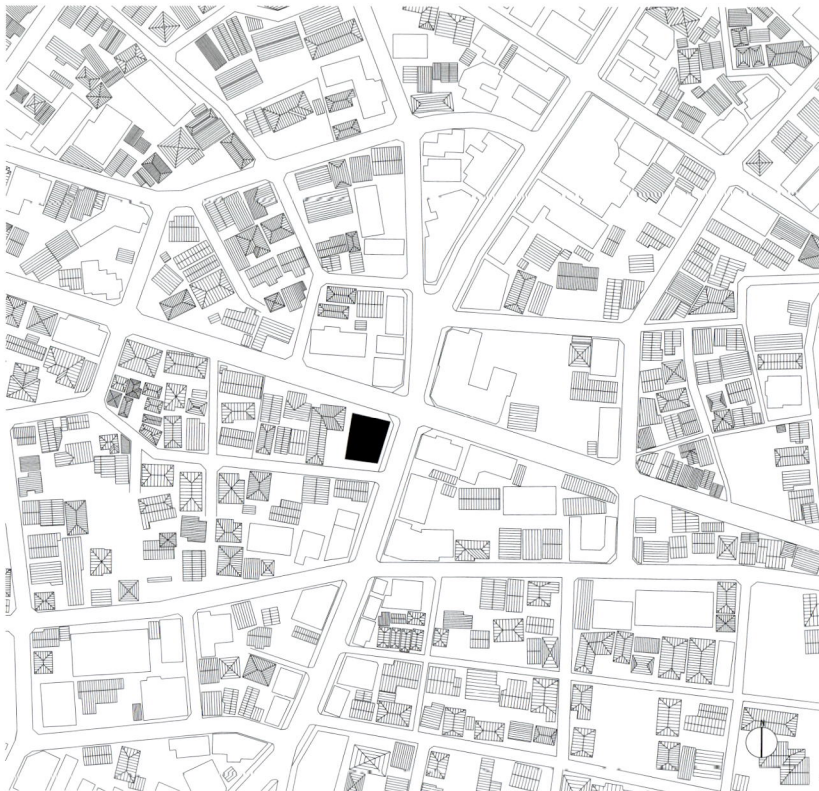

总平面图　比例1/3000

剖面图　比例1/250

两种墙壁厚度

采用钢筋混凝土框架结构，将柱子的形状做成L形或是T字形，将其收纳于墙壁中使其不会外露。墙壁分厚度300mm的外墙和房间与阳台之间厚度150mm的内部隔墙（非承重墙）。阳台外墙上的"深"开口缓和了内外的冲突，而厚度为其一半的"浅"开口则拉近了房间和阳台的距离。希望通过在阳台内外分别设置的2片有厚度对比的墙体将都市和房间顺畅地联系起来。　　（长谷川豪）

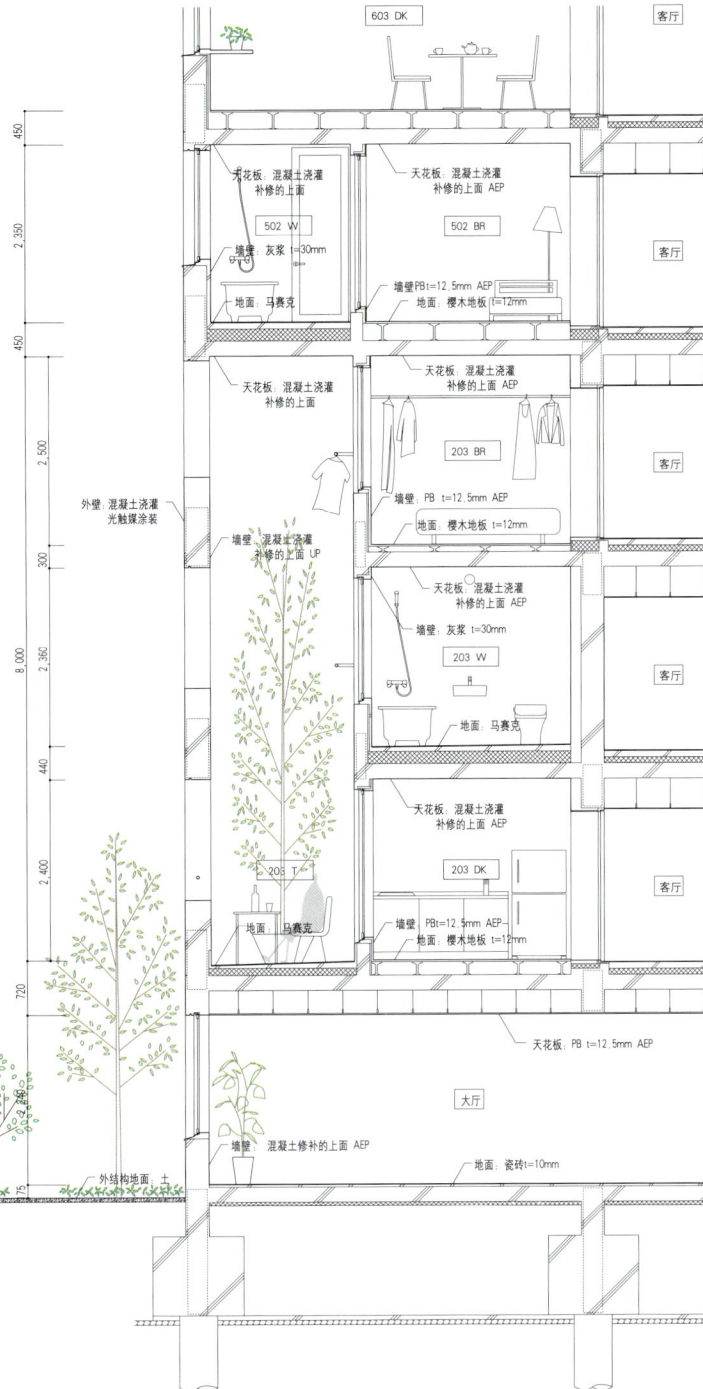

从起居室穿过阳台向外眺望。面前是"浅"开口，远处是"深"开口。

剖面详图　比例1/100

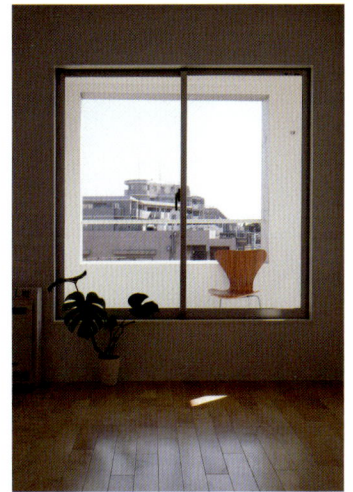

603 DK
客厅

天花板：混凝土浇灌补修的上面
502 W
天花板：混凝土浇灌补修的上面 AEP
502 BR
客厅

墙壁：灰浆　t=30mm
墙PBt=12.5mm AEP
地面：马赛克
地面：樱木地板 t=12mm
客厅

天花板：混凝土浇灌补修的上面 AEP
203 BR
墙壁：PB t=12.5mm AEP
地面：樱木地板 t=12mm
客厅

外壁：混凝土浇灌光触媒涂装
墙壁：混凝土浇灌补修的上面 UP
天花板：混凝土浇灌补修的上面 AEP
墙壁：灰浆　t=30mm
203 W
地面：马赛克
客厅

天花板：混凝土浇灌补修的上面 AEP
203 T
203 DK
墙壁：PBt=12.5mm AEP
地面：樱木地板 t=12mm
客厅

地面：马赛克

天花板：PB t=12.5mm AEP

大厅

墙壁：混凝土修补的上面 AEP
外结构地面　土
地面：瓷砖 t=10mm

所在地　東京都練馬区
主要用途　共同住宅　店舗　事務所
建主　個人
プロデュース　ミサワホーム Aプロジェクト
　　　担当／大島滋
設計
建築・管理　長谷川豪建築設計事務所
　　　担当／長谷川豪　能作淳平（元所員）
構造　金箱構造設計事務所
　　　担当／金箱温春　坂田涼太郎
設備　システムデザイン研究所
　　　担当／佐野武仁　佐野明子
施工
建築　ミサワホーム東京 特建推進部
　　　担当／木島正博　五十嵐浩二
空調・衛生　伸幸工業
　　　担当／上城正蔵　加藤忠
電気　創和エンジニアリング
　　　担当／名取賢　土屋伸明
規模
敷地面積　352.22m²
建築面積　223.579m²

延床面積　1,054.269m²
1階　136.170m² ／ 2階　157.062m² ／
3階　149.617m² ／ 4階　147.838m² ／
5階　150.189m² ／ 6階　145.185m² ／
7階　168.208m²
建蔽率　63.47%（許容：80.00% 耐火構造の場合100.00%）
容積率　299.32%（許容：300.00%）
階数　地上7階
寸法
最高高　19,980mm
軒高　19,950mm
階高　1～6階：2,800mm
　　　7階：2,950mm
天井高　1階ホール：2,020mm, 2,470mm
　　　2～6階ベッドルーム ダイニングキッチン：2,350mm ／ 2～6階水回り：2,355～2,400mm
　　　2～6階テラス：2,415～2,465mm
敷地条件
地域地区　近隣商業地域　防火地域　第3種高度地区

道路幅員　東11.0m　北8.0m　南4.0m
駐車台数　2台
構造
主体構造　鉄筋コンクリート造
杭・基礎　PHC杭　ベタ基礎
設備
空調設備
空調方式　個別エアコン方式
熱源　ガス
衛生設備
給水　公共上水道直結方式　加圧ポンプ方式
給湯　ガス給湯方式
排水　公共下水道放流方式
電気設備
受電方式　低圧受電方式
防災設備
消火　自動火災警報設備　消火器設備　連結送水設備
排煙　自然排煙
昇降機　乗用エレベーター：6人乗り
工程
設計期間　2007年12月～2009年3月

施工期間　2009年4月～2010年3月
外部仕上げ
屋根　アスファルト防水 t=2mm
外壁　コンクリート打ち放し ランデックスコート（白着色）の上 光触媒塗装
開口部　アルミサッシ スチールドア
外構　コンクリート金ゴテ仕上げ 土 砂利敷き
内部仕上げ
ホール・風除室（1階）
床　タイル t=10mm（INAX：リアリードIPF-300/LR3）
壁　PB t=12.5mm AEP コンクリート打ち放し 薄塗り補修の上 AEP
天井　PB t=12.5mm AEP
ホール（2～6階）
床　ホモジニアスタイル t=3mm（東リ：クリアプレーンCPT6402）
壁　コンクリート打ち放し 薄塗り補修の上 UP
天井　PB t=12.5mm UP
ダイニングキッチン・ベッドルーム（2～6階）
床　フローリング t=12mm（テイオー：プライフローリング 5分艶（カバ材））
壁　PB t=12.5mm AEP コンクリート打ち放し 薄塗り補修の上 AEP
天井　コンクリート打ち放し 薄塗り補修の上 AEP
水回り・テラス（2～6階）
床　タイル t=10mm（KYタイル：ビューロス）
壁　モルタル金ゴテ仕上げ t=40mm UP
天井　コンクリート打ち放し 薄塗り補修の上 UP
賃料・ユニット面積
住戸数　20戸
住戸専有面積　25.27m²～40.33m²
賃料　82,000円～115,000円（＋管理費5,000円）
—————日本《新建筑》写真部

長谷川豪（はせがわ・ごう）

1977年埼玉県生まれ／2002年東京工業大学理工学研究科建築学修了／2002～04年西沢大良建築設計事務所勤務／2005年長谷川豪建築設計事務所設立／現在，東京工業大学ほか非常勤講師。

茶室 亚美庵杜

设计　藤森照信
所在地　东京都中央区
À BIENTÔT
architects: TERUNOBU FUJIMORI

这是为了在爱马仕大厦8层的画廊举行到7月19日为止的细川护熙展览而设计的茶室，利用J镶板作为建筑材料，屋顶则铺以杉木皮。

在画廊的地面铺上砂苔（译者注：比一般青苔更适合在干燥地方种植的特殊青苔），并放上细川先生制作的陶器。墙壁的左方挂的是细川先生以达摩像为主题创作的油画。

铺成正圆形的砂苔。此处被设计成前往山居的庭园。由会场
提供的玻璃桌象征小河。

在坐的地方安置表面用灰泥润饰的裂火炉。

柱子用麻绳缠绕后，涂上水泥，砂浆上放置花朵聚图。茶室周围的墙角下放置表面已烧成炭的J栅板。

设计　藤森照信
建筑占地面积　11.3㎡
总建筑面积　11.3㎡（亚美庵杜茶室）
结构　木质墙板结构
工期　2010年4月
摄影　日本《新建筑》写真部

左侧是细川先生在素炼的信乐陶盘上用油彩画上鸟、马车、莲花等，以"Hermès"为主题的画。

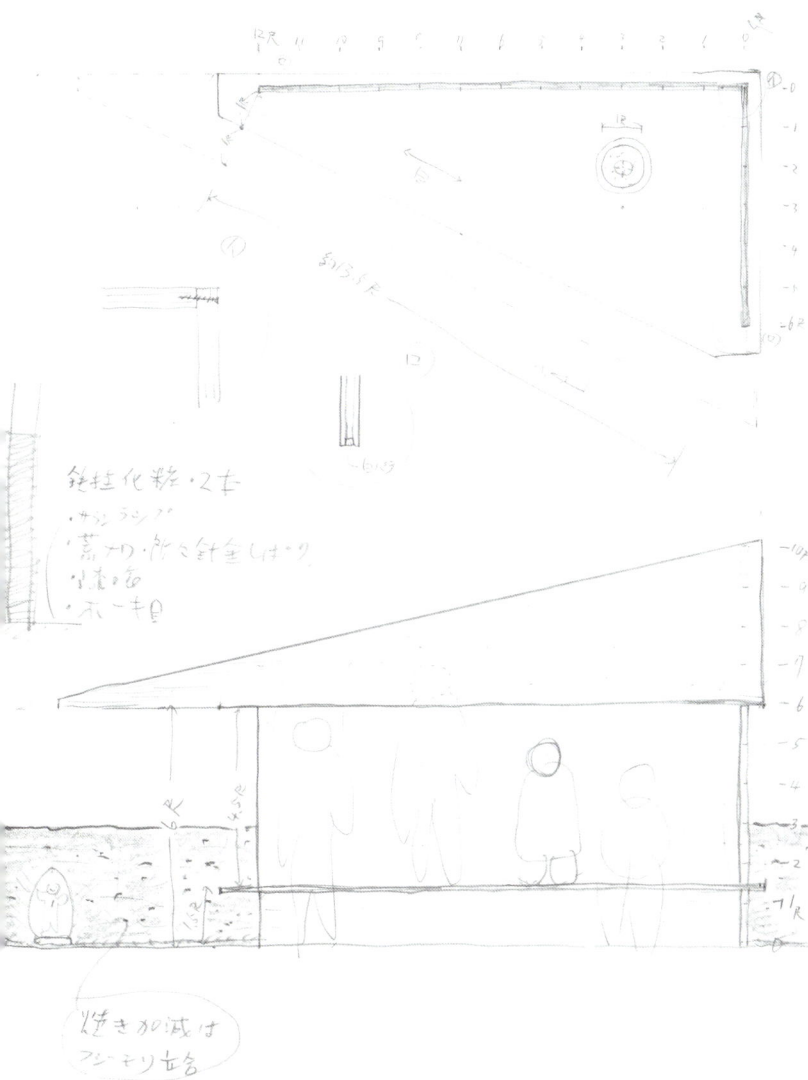

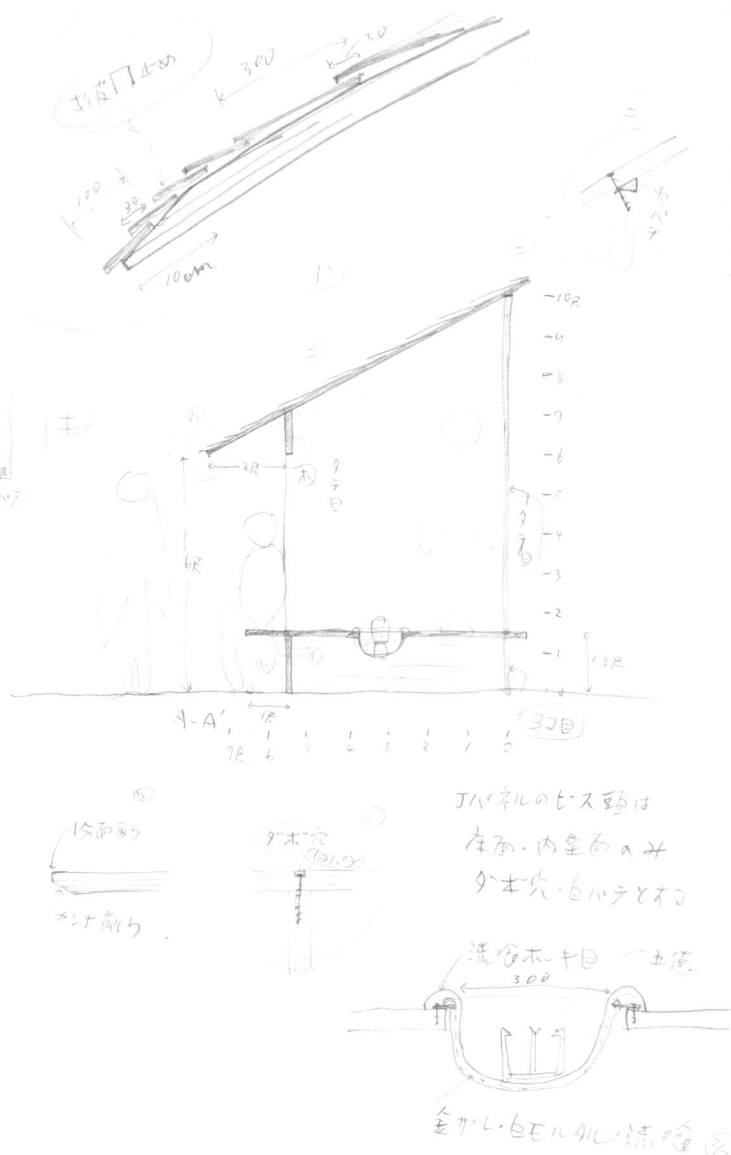

藤森先生的草图。
细节的做法等也经过推敲。

创造街道、创造文化

访谈：**细川护熙**(陶艺家) × **藤森照信**(建筑师)

从不东庵工房和一夜亭谈起

——首先请教二位认识的开端。

细川护熙(以下简称细川)　与藤森照信先生是在TBS的广播节目《细川护熙想见谁》中，借着赤濑川原平先生登场的缘分而认识的。赤濑川先生也以绳文建筑团一员的身份建了有趣的藤森建筑。正巧那时汤河原的工房已不敷使用，我正想做些变化。正好有这机会，我就请藤森先生做设计。

藤森照信(以下简称藤森)　听您说了有关设计的事之后，我参观了现场。吃惊的是细川先生在汤河原的住宅应是长谷部锐吉的设计，或是受到长谷部强烈影响的人所做的设计。长谷部锐吉是住友建筑部(现在的日建设计)的建筑师，参与近卫家宅的主建筑(第2代)和阳明文库虎山庄(1942年，近卫文麿的别墅)的建设，同时也是住友大楼(现三井住友银行大阪本店营业部，1926年，日本《新建筑》2701)的设计者。他可说是像日建设计的开山祖师一般的人物。细川先生的住宅原来也算近卫家宅的别墅(近卫文麿是细川先生的祖父)，因此在设计上承袭长谷部独特的设计是可以理解的。例如，玄关的部分整体而言是日本风格，但门扇却是西式风格。还有，门扇被白色的墙所包围。在昭和初期，能做出这样设计的人实在是非常罕见。

用地里的庭园也非常美。虽然，乍看之下草木像是自然生长的状态，其实如果不每天都加以整理，是无法维持那样的状态的。从大门到参拜用的道路为止，一草一木都传达出用心整理的样子。

细川　确实如此。每天看着便总想动手整理整理。

藤森　在刚谈到的住宅旁边，绳文建筑团及细川夫妇一起建造了不东庵工房。

起初，我对于夫妇二人亲自动手盖工房这件事大吃一惊(笑)。细川夫妇应该从来没有像这样的事吧!在盖工房的过程中，我第一次使用表面用铁锤加工的铜板。完工时，铜板表面闪闪发亮，我对是否做得太过度而感到担心，但后来随着时间的流逝颜色渐渐安定下来。

细川　而我则对在昭和时期的日本住宅旁建造红色铜板的建筑物是否合适而担心，但结果它们非常协调。将铜板敲打加工后，钉在外墙上，当时是前所未闻。这成就了一栋有趣的建筑。现在表面渐渐变成青铜色，颜色时时刻刻都在变化。

藤森　不可思议的是，在工业产品之中，只有铜板能和古建筑融合。我想是因为它会风化。此外，将铜板裁切、曲折敲击加工对外行人来说很容易。那个工房成为我开始使用铜板的契机(笑)。另外一点是我发现尺度感的趣味性。那幢建筑是在一处小中庭的旁边，屋檐太高会让阴影变多，中庭变暗，所以，将屋檐控制大约在头顶的高度，再将会客空间的屋顶加高。如此一来，尺度感便被混淆，酝酿出分不清空间到底是大还是小的独特气氛。

——在2年后，你们在同样用地的角落建造了茶室一夜亭(日本《新建筑》0307期)，它的位置是如何决定的?

细川　关于位置，是我事先向两三位数寄屋与茶室的名家请教的结果。他们一致认为应该是在庭园的最深处。但我则想建造不论是在夜晚或雨天都能轻松前往的茶室。于是我和藤森先生商量，他建议在不东庵西边的高台上。如果是那儿，不但离工房近，而且只要爬上高台之后立刻可以泡茶。我也赞成藤森先生的意见，所以就决定盖在那儿了。

藤森　在那个位置设置了茶室之后，中庭呈现出被包围的气氛。因为不是盖传统的茶室，所以没有过度计较形式(笑)。对我而言，不东庵工房是学习了许

从中庭看不东庵工房(日本《新建筑》0110期)。左边是窑，右边是工房。

不东庵工房。从连接2栋建筑的走廊看庭园方向。后方是水槽。

一夜亭(日本《新建筑》0307期)。东侧的全景。外壁是土墙，屋顶用杉树皮铺成。

坐在亚美庵杜的藤森先生(左)和细川先生。

多使用或思考材料方法的项目。这个中庭中引入了温泉，而且泉水常流。流出的泉水和一般的水池不同，能听得见水声，而且非常悦耳。当初次汲取泉水时，我体验了流泉产生的美妙的空间效果。

细川　我记得藤森先生说流水与工房的窑正是水与火的关系。

素材性格的相合

——也就是说，长时间的交往成就了"市井山居"这次展览。

藤森　由于细川先生在爱马仕大厦 设计：伦佐·皮亚诺，日本《新建筑》0108期）展示他的油画作品，他请我设计参观者可以坐下小憩的空间。我也曾在2007年在这做了"Maison四叠半/藤森照信展"（日本《新建筑》0706期）。那时我发觉这个空间适合展示油画，但却不适于展示传统的东西。因此，相较于茶室，我设计了像山居一般的等待场所。材料以叫做J镶板的合板为主。是由于J镶板是集成材，颜色均一，而且具有作为结构材料的强度。四周的墙角部分用表面烧过的J镶板来装饰。屋顶和一夜亭同样，用的是杉树皮铺成。由于必须在短时间内完成，所以不能不用易于加工的素材。例如，铺在地板上造景用的砂苔是在第10届威尼斯建筑双年展的归国纪念展(Opera City Gallery，日本《新建筑》0706期）使用过的品种。实际上，如果保水系统能被确保，就很好照顾。如果不能保持适度的湿气，砂苔就会枯死。这是很费事的工作。但是我想细川先生制作的陶佛适合于置在苔上，所以在这儿也使用了。用这些素材的组合，设计成犹如将等待场所分割成一半的非永久性建筑。我认为这些素材和日本传统工艺品的特性是互相协调的。

——这个等待场所被命名为亚美庵杜，这有什么意义吗？

细川　À bientôt 是法语"那么，下次再见"的意思。从爱马仕的印象而决定以法语命名，再对上适合的汉字。茶室是客人为了喝茶而来，随后离去的地方。所以我联想到这条词语。同样的创意也用在巴黎的三越 Etoile 的"细川护熙展"会场，再现了汤河原的茶室"一夜亭"，从茶室的窗可以看见凯旋门，相当奢华。

藤森　确实如此，因为在这儿也可以泡茶，听说爱马仕的员工常在这儿举办茶会。顺带一提，细川先生烧的陶佛是非常独特的。日本虽然是陶器大国，但却不曾用陶烧的佛像，石材、木材、土或金属都曾被使用，却没人用陶烧。

细川　我用信乐烧制作的陶佛作品比石像更古色古香。意象是伫立在山里的佛像，或像韩国那种路边的陈列。

从城市与建筑谈"熊本艺术建筑"

——当细川在当熊本县知事(1983～1991)期间，1987年设想了"熊本艺术建筑"（ JA10），由矶崎新先生担任首任最高负责人。邀请国内外的建筑师做设计，以造街运动来说，是少数持续到现在的成功例子。请问您是如何想到"熊本艺术建筑"项目的？同时，也想请教您是如何思考城市与建筑的？

细川　在日本，由于城市规划法或建筑基准法等各种法律限制，地区计划制度几乎没有发挥作用。也就是说，实际上，很难做出好的城市建设。在那时，我参观了1987年所举行的柏林国际建筑展(IBA)。从德国内外所邀请的建筑师所设计的集合住宅，变成建构柏林美丽街道的要素。我就想，相同的方法难道不能应用在日本的城市吗？于是，我在熊本试着实现。那时，由县或市乡村所计划的小学、体育馆、公共厕所，每年都要盖几栋。我认为以知事的身份，将所

第10届威尼斯建筑双年展归国纪念展。视线越过表面种上砂苔的土搭，可以看见路上剧场。

"市井山居"展览会场。

有公共建筑委托给国内外有名建筑师来设计是有可能的。大范围并且全面性的城市建设很困难，我建议像IBA一样，在街道里，创造能作为路标的出色建筑，以连接点与点的方式进行城市建设。

藤森 现在"熊本艺术建筑"已受到全世界的关注。从亚洲来的参观者特别多。像这样的手法，在国内也渐渐普遍，但很遗憾似乎并没有持续。不花10年、20年来进行的城市建设，很难在地方有结果。

细川 对。但刚开始时，县民和议会对"熊本艺术建筑"感到非常不解。当时对花费预算在设计优秀的公共建筑这件事上，并不能理解。那样的时代中，筱原一男先生的熊本北警察署(日本《新建筑》9101期)及伦佐·皮亚诺先生的牛深大桥(日本《新建筑》9711期)竟也能完成。特别是山本理显先生的熊本县保田洼第1团地(日本《新建筑》9206期)中，不出到室外就无法到达浴室的设计，在议会受到相当大的排斥(笑)。

藤森 给予最高责任人选择公共建筑设计权限的方式是如何实现的?

细川 其实在开始"熊本艺术建筑"之前，举行了包括矶崎新先生在内的"熊本21世纪恳谈会"。那时向矶崎先生说明了IBA和熊本的城市建设困境之后，请求他担任最高负责人。我认为并非像以前由官员来选设计者，而是请建筑师来选，才能做出更好的建筑。从2005年开始，则由伊东丰雄先生担任最高负责人。

当时在熊本，竟有相关人员为所欲为砍倒行道树，因而我将每一条街道都指定负责人，让他们小心地管理自己的范围。让人们一件一件去理解这些事，实在非常困难，但因为持续执行，才使得街道变得美观，人家也就变得更配合起来。我记得我向大家说明，如果仅为追求方便，是不可能创造出文化的。

藤森 如果居民不对自己居住的地方感到自豪，城市建设是不会成功的。

细川 的确。因此我认为日本的城市也像欧洲一样，能有地区建筑师(town architect)不是很好吗?如果能有在地方生根，成为调整全体状况的建筑师，日本的城市会逐渐改善。目前，我仍对城市建设有所关注。只要熊本有需要，在可能的范围之内，我愿意支持。

(2010年4月17日，于爱马仕大厦　文责：日本《新建筑》编辑部)

熊本北警察署(设计:筱原一男，日本《新建筑》9101期)。西向立面。由悬臂构成的上、下层的窗的比例是10：4。

牛深大桥(设计：伦佐·皮亚诺，日本《新建筑》9711期)。防风板和曲面梁可以防止旋风，横梁设计使之看起来很薄。

熊本县保田洼第1团地(设计:山本理显，日本《新建筑》9206期)中央广场全貌。

专题1：

成为地区据点的医疗设施

考虑从现在开始将会逐渐面对的高龄化社会的状况，目前，医疗制度改革与医疗设施的整顿，同时在积极地进行。在这改革中，汇集各种机能和企图而结合成一个网络的各医院及看护、护理设施之间的合作变得非常重要。在这个专题里，我们将报道以地区作为据点，且以提供高水平医疗和连续医疗为目的的医疗设施。一边与四周的环境互动，并同时在软件与硬件两方面都符合可持续性要求的医疗设施的理想状态是什么样子？请看以下的三个项目和座谈会。　（编辑）

适应都市中心医疗的各种状况，把握动线和空间

日本红十字社医疗中心

设计 久米设计

施工 大林组

所在地 东京都涩谷区

JAPANESE RED CROSS MEDICAL CENTER

architects: KUME SEKKEI

西北侧外观。建筑分为低层部分和高层部分。高层部分的一般病房和周围的设施分开设置。为了不使窗户相对，设计中错开45度设置。左侧后面是旧医疗中心，现在拆除中。拆除后将整理为中央广场。

2层共享空间 2层的门诊候诊厅（小儿科和脑外科·外科）。门诊候诊厅都设置在西面的玻璃幕墙一侧。

西侧傍晚的景象。1层是通道和有3层共享空间的大厅。2、3层共享空间的两侧设计有门诊候诊厅。

设计　久米设计
施工　大林组
用地面积　73483.24m²（总用地）
　　　　　18966.63m²（医疗中心）
建筑占地面积　8231.80m²
总建筑面积　82115.90m²
容积率对象总建筑面积　72827.23m²
层数　地下3层　地上13层　空调机房1层
结构　钢结构　部分钢骨钢筋混凝土结构
　　　钢筋混凝土结构(中间层抗震结构)
工期　2003年10月～2009年10月
摄影　日本《新建筑》写真部 林广明

都市型综合医疗福利服务的基地

　　东京广尾的日本红十字社用地是以负责3级急救医疗的急性期医院为中心，兼有护理保险设施、看护大学、婴幼儿园、保育园(社会福利法人上宫会运营)、出售住宅等的综合项目。

　　护理保险设施(日本红十字社广尾综合福利护理中心)是包括老年保健设施、特殊护理老年之家、养老之家、残疾人护理设施、日间护理、日间服务、上门护理·上门看护站等项目的大型(约18000m²)福利综合设施，预定2012年4月开业。可以从医疗中心派遣医生和护士到这里，并负责应对出院后的患者及病变时的诊治等，这里有望与医疗中心建立密切的关系，协同配合。

　　看护大学是1890年从培养护士开始的一所国内可数的历史悠久的看护教育机构，学生在医疗中心实习的同时，邀请医疗中心的医生，资深护士授课。婴幼儿园是根据儿童福利法养育在一般家庭中养育困难的婴幼儿的设施，有疾患的孩子可以在这里受到医生和护士的照顾。

　　出售住宅的卖点包括多种医疗服务，健康咨询、门诊预约、身体检查预约等。同时还可以享受由护理保险设施开展的上门护理、上门看护等服务。

（南部真＋小西刚＋植田聪／久米设计）

南侧外观。以中间的玻璃墙共用大厅为界，左边为5层，右边为12层。外墙采用贴花岗岩预制板。

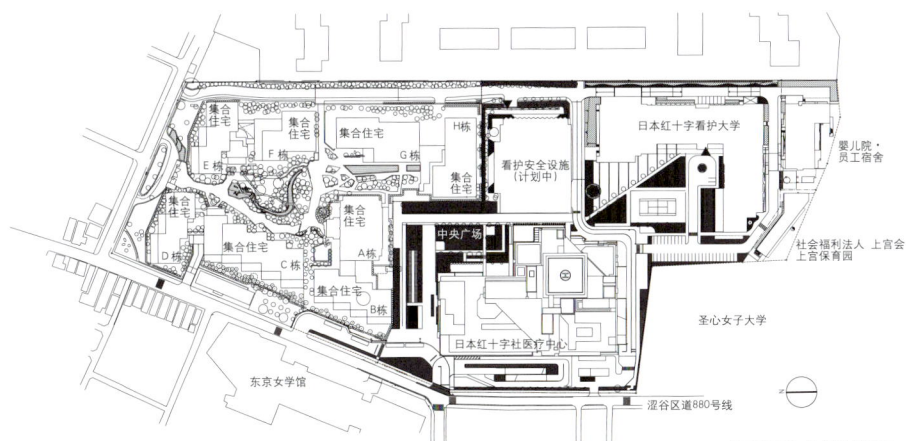

总平面图 比例1/5000

103

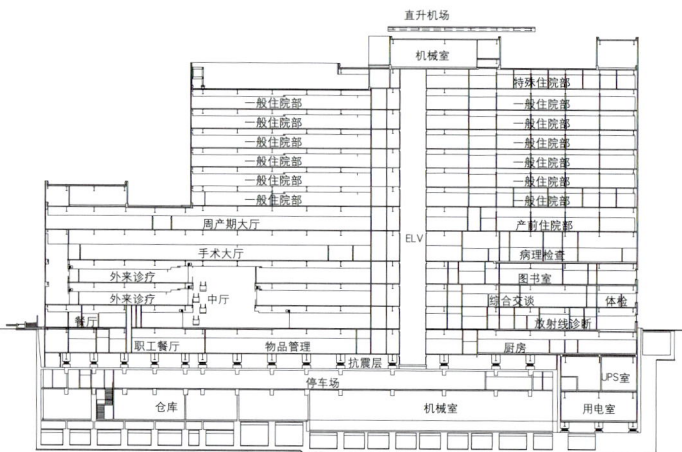

南北平面图　比例1/1500

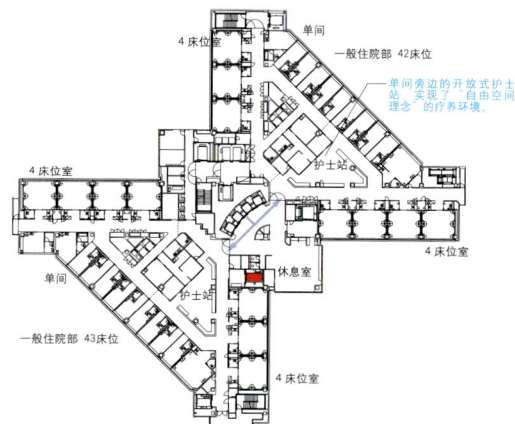

直升机场
机械室
特殊住院部
一般住院部
一般住院部
一般住院部
一般住院部
一般住院部
一般住院部
一般住院部
一般住院部
一般住院部
一般住院部
产前住院部
周产期大厅
手术大厅
ELV
病理检查
外来诊疗
图书
体检
外来诊疗
中厅
综合交谈
放射线诊断
职工餐厅
物品管理
抗震层
厨房
仓库
停车场
机械室
用电室
UPS室

7～11层平面图

4床位室
单间
一般住院部 42床位
单间旁边的开放式护士站，实现了"自由空间理念"的疗养环境。
4床位室
护士站
4床位室
单间
护士站　休息室
一般住院部 43床位
4床位室

2层平面图　比例1/1500

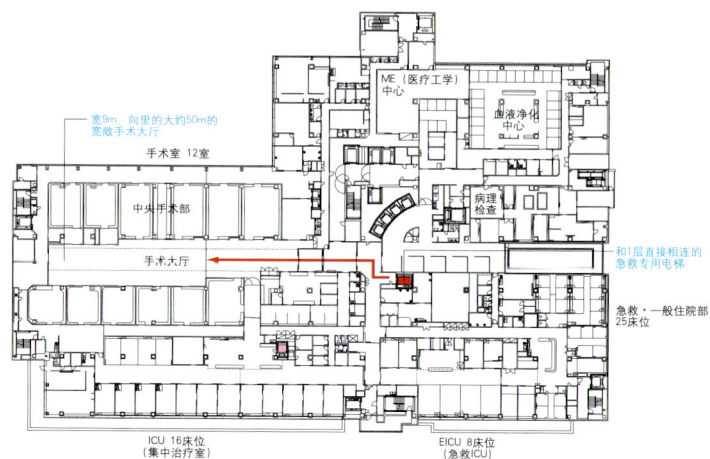

护理用安全设施
康复中心
体检
外来诊疗
综合交谈
共用大厅
内视镜
生理检查
中央处理
中央采血
外来诊疗
化学疗法室
外来等候

4层平面图

ME（医疗工学）中心
宽9m，向里的大约50m的宽敞手术大厅
血液净化中心
手术室 12室
中央手术部
病理检查
手术大厅
和1层直接相连的急救专用电梯
急救·一般住院部 25床位
ICU 16床位（集中治疗室）
EICU 8床位（急救ICU）

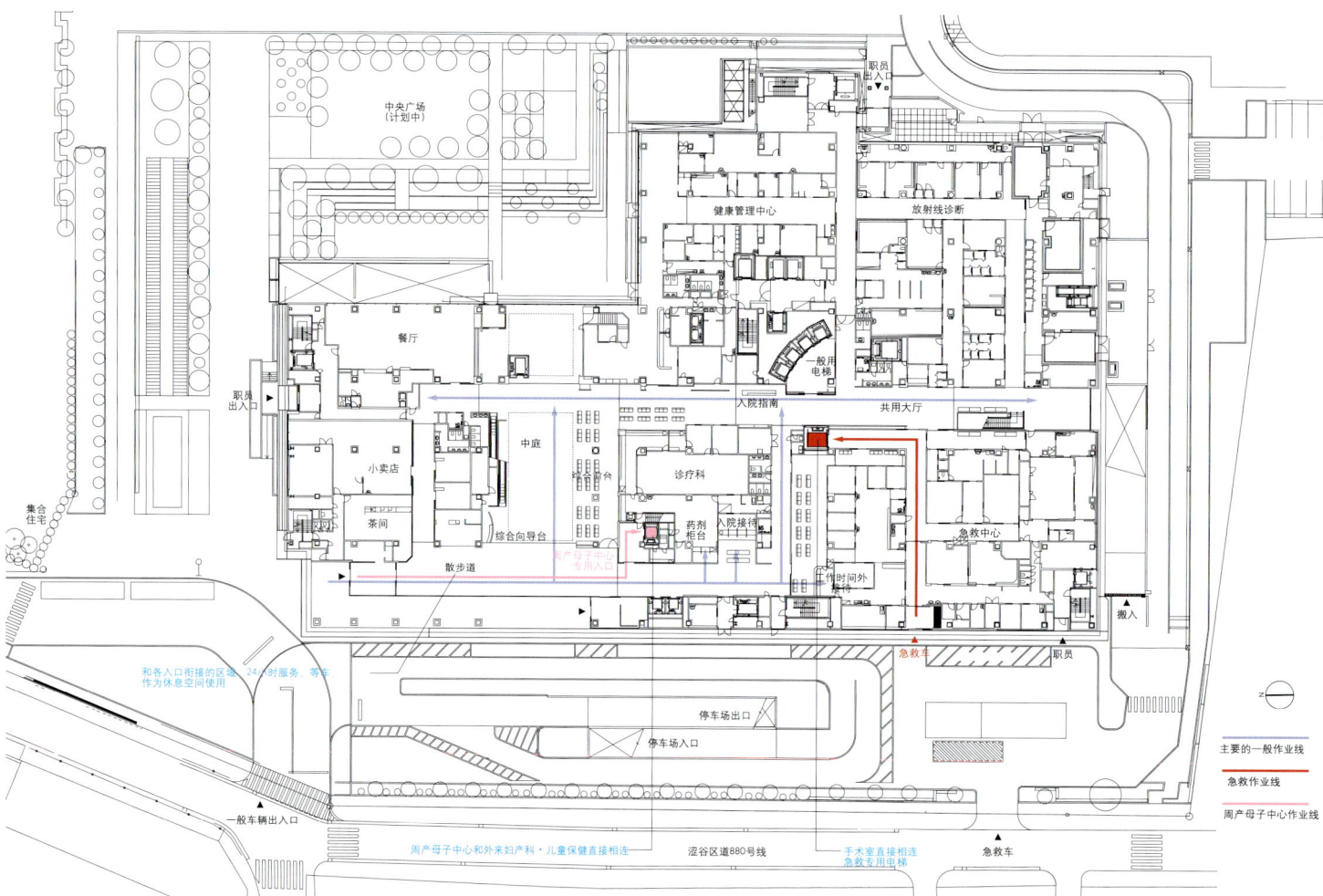

1层平面图　比例1/1000

中央广场（计划中）
职员出入口
健康管理中心
放射线诊断
餐厅
一般用电梯
职员出入口
入院指南
共用大厅
小卖店
中庭
诊疗科
药剂科接待
急救中心
茶间
综合向导台
药剂柜台
集合住宅
散步道
工作时间外接待
搬入
和各入口衔接的区域，24小时服务，等作为休息空间使用
急救车
职员
停车场出口
停车场入口
一般车辆出入口
周产母子中心和外来妇产科·儿童保健直接相连
涩谷区道880号线
手术室直接相连急救专用电梯
急救车

主要的一般作业线
急救作业线
周产母子中心作业线

104

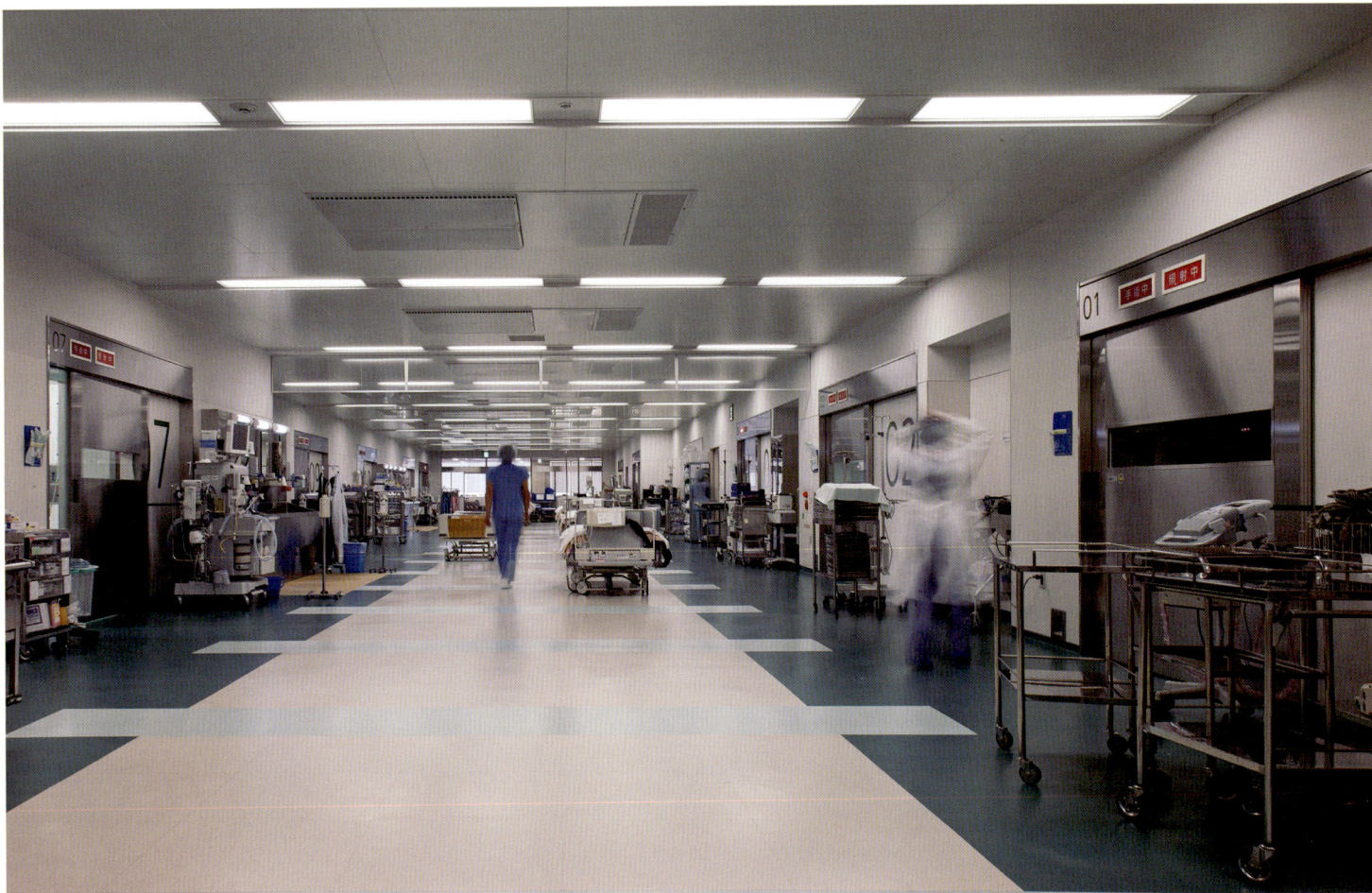

宽9m、进深50m的4层手术大厅。从这里进入各个手术室。地面的颜色为分区标示，中央的浅棕色为动线，两边的绿色为器具放置区。

左：工作人员中心。与病房邻接的开放式服务台。提高了服务台的高度，使外面不能看到里面的工作。
右：一般用电梯。深处可看到工作人员中心，右边是服务台。

左：1层通道。通道24小时开放，但夜间放下和左边的大厅之间百叶门。
右：1层大厅。右边是综合服务台。因为这里人流量较多，需要做吸音处理，所以天花采用加衬吸音材料的有孔钢板。

围生母子中心

　　围生母子中心每年处理2500件分娩，2009年认定为母体救生对应综合围生期母子医疗中心(超级综合围生期中心)，设计题目定为"安全、舒适的分娩环境"。

　　因为旧医疗中心有着由日本红十字社产院和日本红十字社中央医院共同建立的历史，这里采取了把围生期部门所在的"健康楼"和病患住院的一般病房楼分开的先进构成方式。

　　新医疗中心充分讨论了这种构成方式，设置了围生期专用电梯、1层专用入口和3层的产科门诊，小儿保健及5层围生母子中心直接连接，使与围生期有关的人员与一般患者的交差来往降低到最小。

　　围生母子中心7000㎡的楼面中设有产前、产后病房，阵痛·分娩室，MFICU，GCU，NICU等，设计了可能对应围生期发生的任何状况的设施，并保证了与急救中心的协同操作。　　（南部真＋小西刚＋植田聪／久米设计）

水中分娩室。水中分娩是在37度的温水中分娩的方法。

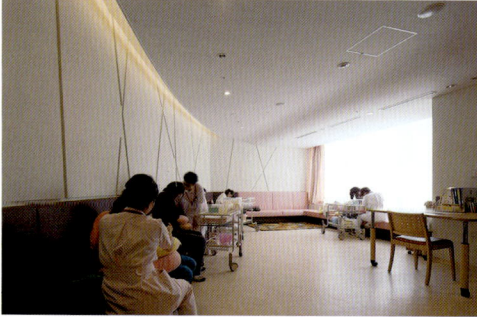
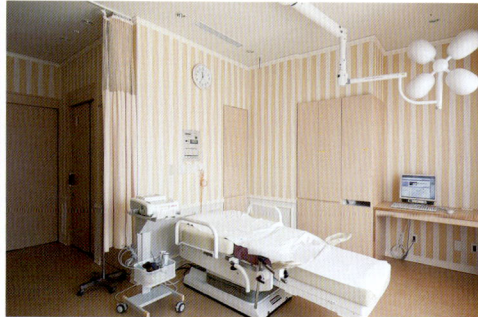

左：面对南侧屋顶花园的哺乳室。为了使母子可以安心、舒适，房间设计以摇篮为形象，墙壁设计为曲面。
中：分娩室。六个一般分娩室内装设计不同。照片上是贴着条纹壁纸的分娩室。
右：LDR(待产、分娩、恢复。从住院到分娩、出院可不用换的房间)。房间设计在转角处，两面开窗，环境良好。

围生期医疗集中设置在同一楼层上。

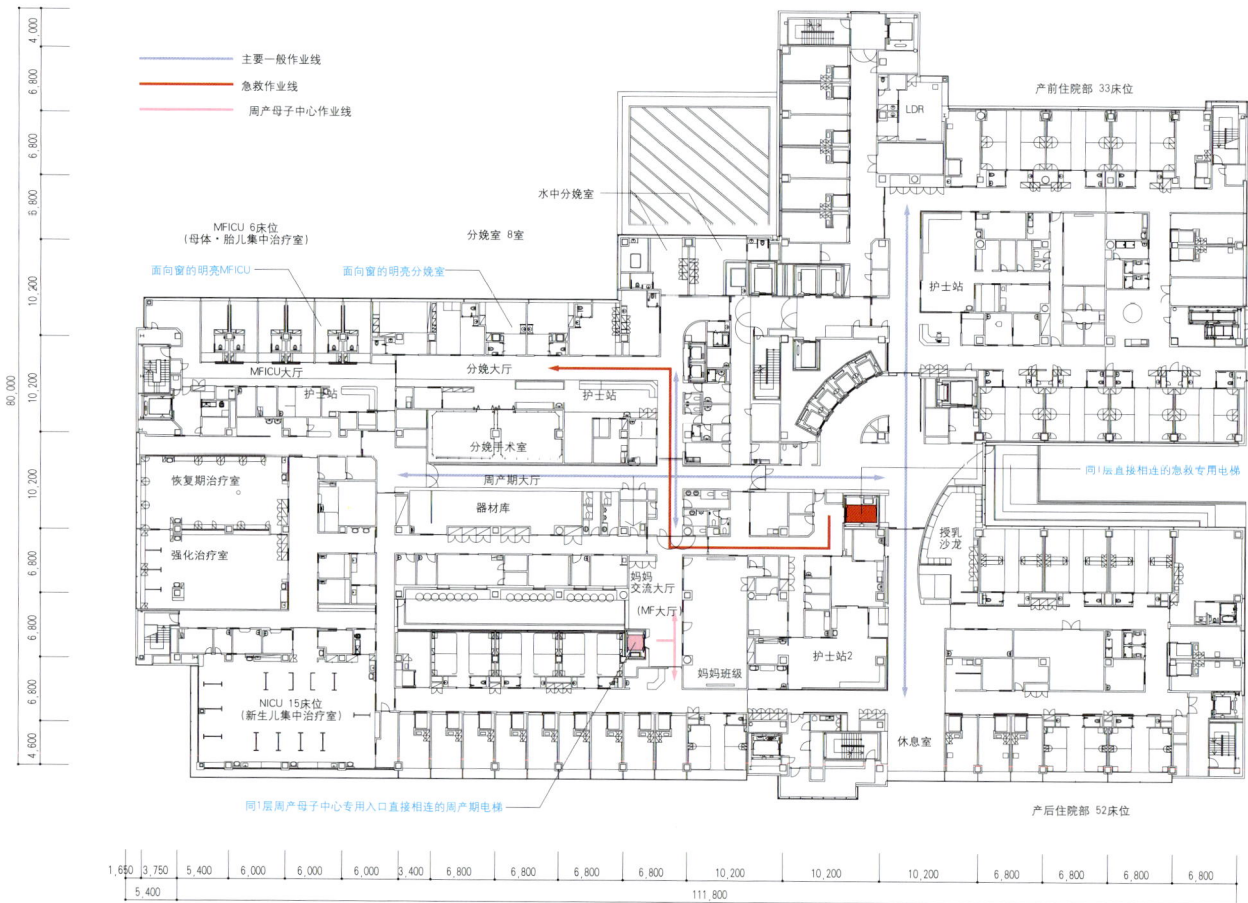

5层平面图　比例1/800

106

4床病房。确保了比通常病房宽敞的面积(约41㎡),各床位设置空调吹风口等,意在提高疗养环境。地面材料采用无需打蜡维护的单层乙烯地板卷材。

单间。为避免光线直接照射躺在病床上的患者,照明采用间接照明。

注重疗养环境的 4 床病房

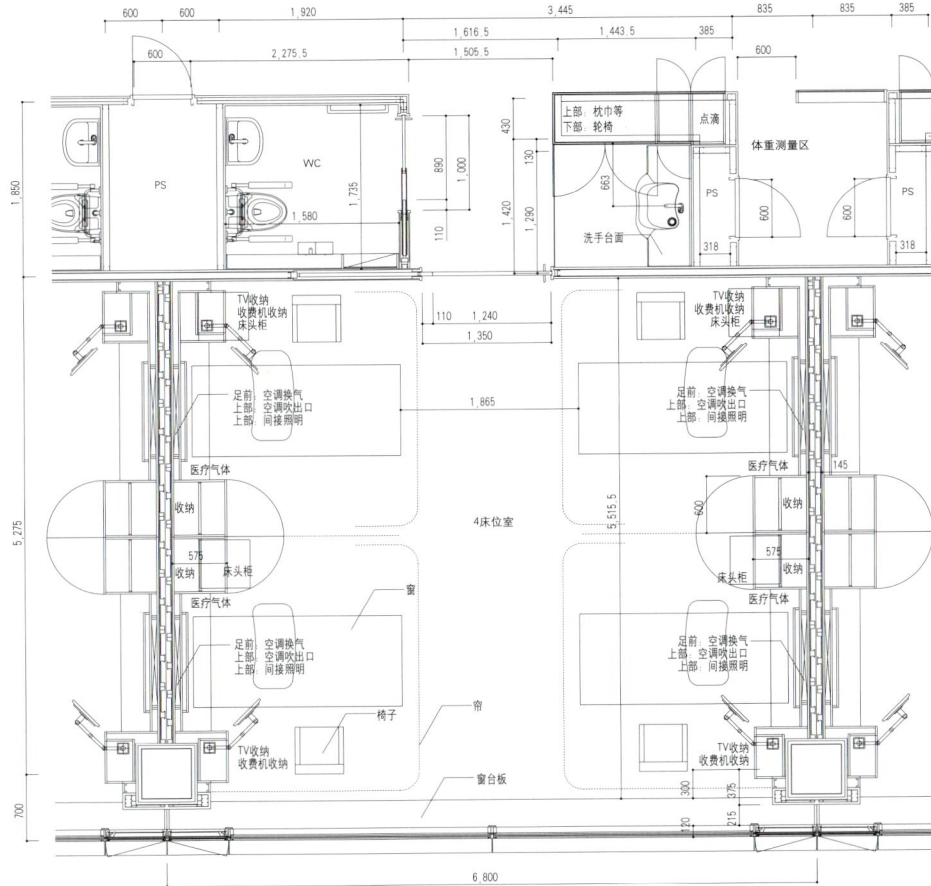

4床病房平面图详图　比例1/80

休息室。透过两面的开窗可以观赏都市景观。

应对3级急救医疗的都市中心医院

日本红十字社广尾地区新建整备事业是针对区域居民的需要提供医疗、福利、看护教育的各种综合服务,整备新的都市型样板综合医疗福利服务的基地。房地产公司提出利用土地信托方式附带定期租地权的出售住宅,同时,根据企业提案的计划方案决定了包括我司在内的企业。

以用地中央的广场为中心有机地协同设置看护大学、护理保险设施、婴幼儿园、职工宿舍、出售住宅等,并把医疗中心规划为核心设施。

应对3级急救医疗,充实综合围生期母子医疗中心等的同时,实践灾害时的医疗救护这一日本红十字社的重要使命,为使其在灾害时能够充分发挥作用而做好各种准备。具体地说,如抗震结构,屋顶直升飞机设置,能源多样化,蓄热水池使用水的储备等。

在建筑构成特点上,门诊部门设计为面向中央广场,有着开敞的共享空间的门诊大厅,形成通透的格局。病房楼由两个三角形组成,从而缩短了看护动线,在提高效率的同时,通过4床病房的每个床位上设计空调吹风口,也提高了疗养环境。为增强医院的安全措施,采用探视者必须持登记的IC卡进入1层电梯厅的系统,员工区域和门诊区域也由磁卡控制,分区明确。

外部空间中,把中央广场与出售住宅(广尾花园森林)的中庭绿化设计为连续的绿色开放空间,同时,设计中注意与广尾地区的历史、文化、街道景观等周围环境协调,追求提高城市环境。

(南部真+小西刚+植田聪 / 久米设计)

日产保健卫生会 玉川医院南馆

设计 KAJIMA DESIGN

施工 鹿岛建设

所在地 东京都世田谷区

NISSAN TAMAGAWA HOSPITAL SOUTH PAVILION
architects: KAJIMA DESIGN

南侧外观。在老病房楼用地上增建了57床位的新病房楼。为适应医疗形势的变化，设备、结构上采用了可应变系统。

灵活应对变化并营造恬静的时间和空间

玉川医院是一座位于幽静的有着绿化的优美住宅街区中，并与周围居民密切相关的医院。为适应不断变化的医疗形势和提高医院的整体机能，在已关闭的老病房楼用地上以和本院大楼连接的形式增建了新楼。病床总数为389床位，新增建病房楼内设置了57床位。

为了达到目标，设计制定了"可持续性"和"亲和性"两项设计原则，并采用我们开发的"可变医院"系统。设计中注意做到适应时代要求，采用灵活对应医疗状况的框架的同时，注重明快的平面构成和安心而有品位的内装设计，从病患、家属到医生、护士都可以体会到建筑的亲和感、舒适感，创造最适合医疗行为的场所。

医疗建筑所必要的多样性和可变性空间

日本的医疗建筑受到作为国家政策的治疗制度和治疗形态的强烈影响。合适的病房面积、走廊宽度等这些通常由建筑基准法规定的事项却受到医疗法、治疗报酬制度的限制，成为必须遵守的基准。而治疗区病房的判断标准则受到治疗形态的限定。这些基准、治疗形态根据社会构成的变化、医疗机能的分化而变得多样化，并不断发生着剧烈的变化。医疗法从1985年至今的25年里已经更改了5次，治疗报酬制度每两年更改一次。治疗形态也随着疾病构造的变化、医疗技术的进步而不断变化着。这样，实现医疗行为的空间也势必随之变化，当然也就要求其具有可变性。为了对应这种不断变化的医疗形势，这次的规划设计就采用了"可变医院"概念。在医疗建筑中，清洁度、温度、湿度条件，高精医疗

器械的对应等设备设计的比重很高，同时，医疗建筑还具有用水设备分散、24小时看护等特殊性。"可变医院"正是达到了这种特殊条件下要求的多样性和可变性。这个系统以设备和结构体分离的结构柱填充设计思想为轴线，加上病房部门和就诊部门，并开发通常被认为难以对应的影像诊断部门、手术部门等可变技术，达到形成对应医疗建筑的特殊性的同时，能够对应各个医院的不同要求，建造具有灵活骨架的医疗建筑的目的。玉川医院设计由"长跨距无柱空间""双重地板""设备井外设"组合构成。

都市医疗建筑的可变性

都市中的医疗建筑尤其要求具有可变性。在区域医疗计划、医疗范围方面，医院在一定区域内的配置和规模是有规定的，而且，医院是24小时运营

从1层康复楼病房入口看。南侧的窗户高2600mm。用地南侧是国分寺崖壁所在，保留了丰富的绿地。

的。根据这些条件，在很难确保医院附近有可代替的用地的都市中，就不得不选择在医院用地内进行更新、增建、改建。同时，医院用地内也是有限制的，门诊、诊疗和住院这些判定基准不同的功能不得不相互层叠，从而也要求建筑必须具有可变性。玉川医院也不例外。位于东京都内幽静的居住区内，用地有限，虽然有丰富的绿地，但作为环境空地必须加以保留，本项目就是在这些苛刻的条件下进行的。本项目中1、3层是病房，2层是门诊·检查部门，这种不同功能的层叠使得医院整体功能效率提高，并充分考虑了将来必要的功能变化的需要。在医院建筑中，门诊·诊疗部门不受结构的限制，要求宽敞、自由的空间，而病房的房间标准要求6～7m的跨距。本项目中采用长边方向6～7m、短边方向16m的跨距形式同时解决了不同的需要。在处理分散的用水

设备上，除避免在贵重医疗设备上部设置外，以保证上下层运转的同时进行改造为条件，在不给使用和经营带来影响的前提下全面采用双层地板。设备并集中设置在外部，从外部开始更新，方便维修，并因均等分布而提高了建筑整体的灵活性。

继承理念

充分利用倾斜的地面，为协调周边环境而降低自身体量的现有建筑是吉村顺三先生设计的作品。从入口处设计的流水、候诊大厅带有通透玻璃的共享空间、病房走廊扶手上设计的间接照明等可以看出，作为30年前完成的医院，这是相当划时代的建筑。当时吉村顺三先生的理念是"医院应该给利用它的人以舒适、平静的时间和空间"，这一理念好像是投向只追求功能的医院建筑的一个石子。玉川医

院决定了"有时候，尽管从医疗一方看在功能、卫生方面可能是不合理的事情，但如果患者乐于接受，那就是可以被容许。医疗不能缺少关爱"的办院方针，并把这一医院文化一直坚持到今天。南馆同样继承了这个理念，产房从母亲、家族的视点出发，康复病房从轮椅患者的视点出发进行室内设计。在外观设计上也继承了原有建筑的檐口、凸窗、外墙盖板的五金件等设计要素，同时协调整体从而完成了此次设计。

（星野大道 / KAJIMA DESIGN）

1层的康复楼层。为了方便轮椅进出，病房入口的墙面切成斜面。

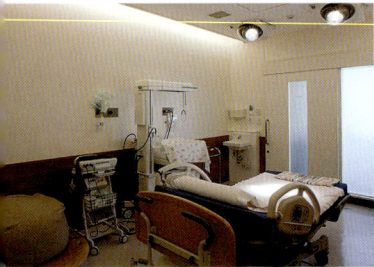

集中设置的外部设备井。均等地配置，装饰用铝百叶可以局部交换。

3层产科病房内，LDR、阵痛、分娩、恢复都集中在一个房间内进行。

产科的单间。内装以酒店的做法为基础，设备与结构分离，集中配置在一个地方。

设计　KAJIMA DESIGN
施工　鹿岛建设东京建筑支点
用地面积　20885.48m²
建筑占地面积　918.10m²
总建筑面积　2544.72m²
层数　地上3层
结构　钢筋混凝土结构
工期　2008年9月~2009年4月
摄影　日本《新建筑》写真部

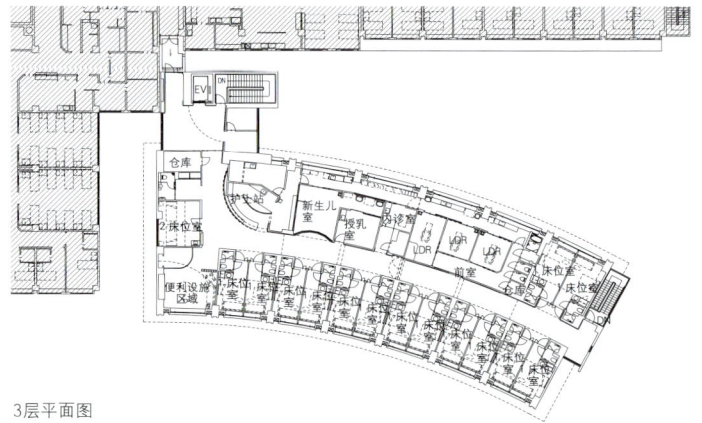

3层平面图

剖面图　比例1/500

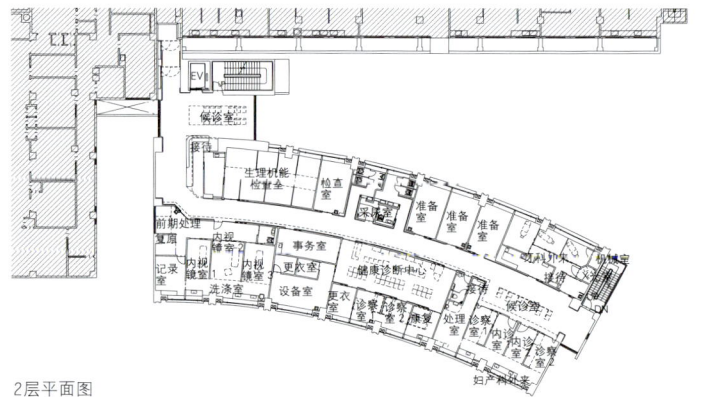

2层平面图

中庭。右边的本馆是已故吉村顺三先生设计的作品。新馆继承了檐口、凸窗、外墙盖板的五金件等设计要素。

1层平面图　比例1/800

可变化的医院——可更新的结构、设备设计

采用后张法预应力混凝土大跨距结构使室内没有柱子，设计实现了功能上的高度自由。地面全部采用双重楼板（最下层为设备夹层），以便将来用水设备有变化而需要修改时可以不影响下面的楼层。每个跨距的柱侧设置设备井，外置的设备井提高了维修、更新时的便利性。梁、楼板上没有设备孔，各个设备井中均一设置风管用开口和排水与通风管设备孔。（星野大道 / KAJIMA DESIGN）

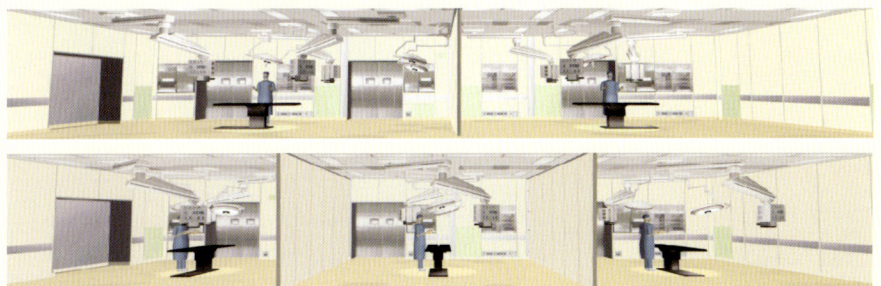

左：双重楼板。楼板下配置管网。右：16m跨距的无柱空间。（两张摄影：解良信介 / Urban Arts）

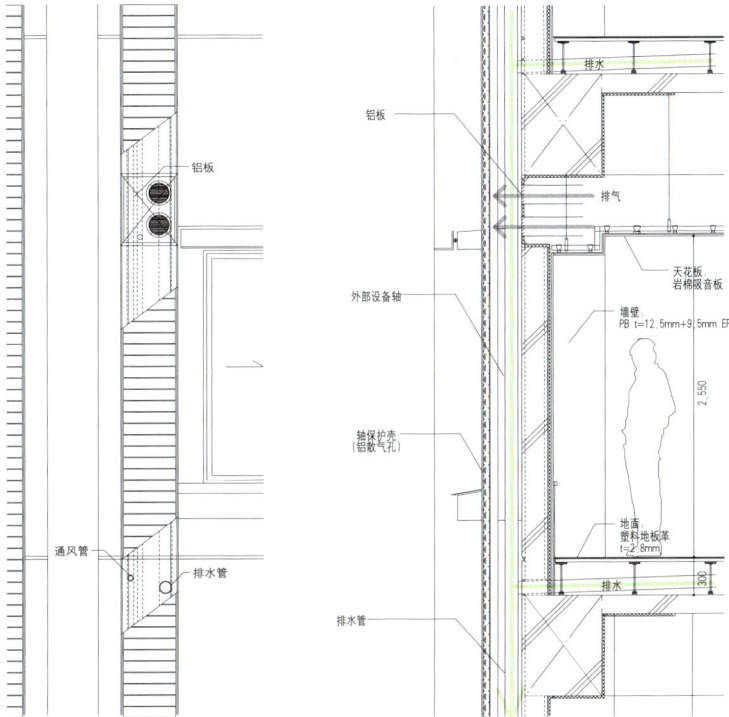

设备井详图　比例1/50

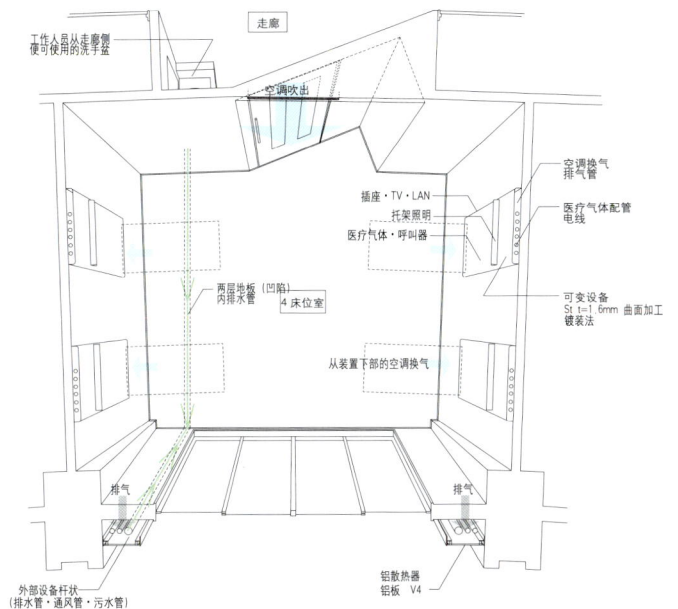

1层病房平面图　比例1/100

可变化医院的其他技术

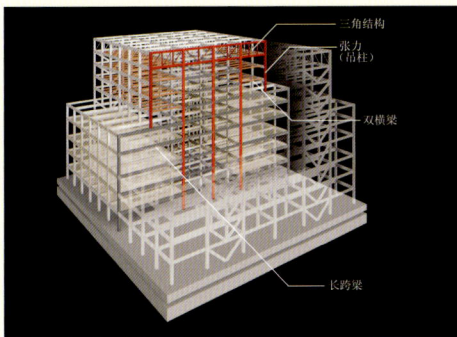

可变的结构

多数医院都是把要求自由、开敞的大空间的门诊部门设置在低层，病房设置在以基本跨距构成的大楼高层部分。为了对应这种要求，通常需要在中间层进行结构转换。但是，这样就带来了在中间层需要专用空间、建筑高度不得不增加等问题。为此，我们有效地利用最上层的设备空间，设置桁架梁，用这里的加压柱和考虑了用水设备的双重梁（正在申请专利）支撑病房大楼的高层部分，低层部分用长跨距横梁支撑。这是我们开发设计的最适合医院建筑的框架结构技术。（星野大道 / KAJIMA DESIGN）

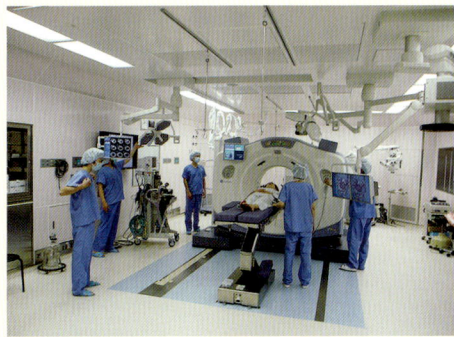

可变化的手术室

由于不同的诊疗室要求的空间不同和手术多样化等原因，目前的固定手术室已经不能满足使用需求。影像诊断装置的进步使脑神经外科等专业在手术中对影像诊断"手术中的影像支援"的需要不断提高，为了对应这些变化而开发的可变化手术室满足了手术室小型化、方便手术中影像诊断时移动器材、根据手术不同而调整空间等要求，是适合各种医院要求的个性化技术。我们正在申请可动无影灯基座技术的专利。

（星野大道 / KAJIMA DESIGN）

与街道相连结的医院

医疗改革期的大规模高度医疗及疗养环境

辻吉隆（东短Holdings） × 五代正哉（多摩医疗PFI） × 南部真（久米设计）　司仪：山本想太郎（山本想太郎设计事务所）

——2008年，东京都为了改善东京都中心地区医疗的方针，执行了都立医院的重新编制与整顿。随着医疗方针变化，容纳医疗行为的建筑也随之变化。在一连串医疗制度改革下，逐渐变化的医疗与疗养环境之中，什么样的建筑应被创造出来？

今天，邀请了同时具有病院建筑专家、东京都内大型医院企划与设计者身份的三位专业人士，并请到山本想太郎先生担任司仪，进行以医院建筑为题的座谈会。　　　　（编辑）

山本想太郎（以下简称山本）　　由于在被称为诊疗或看护，基于极高度并细腻的专业知识而形成的医院建筑中，有许多与医疗相关的部分，因此我一直认为非医疗专业的建筑师是无法进入那个世界的。然而，由于目前的医院建筑不单是根据医疗理论，同时也以成为丰富的空间为目标，所以我也感觉如此的概念与一般的建筑没有什么不同。

我实际参观过"府中医疗中心（东京都立多摩总合医疗中心与东京都立儿童总合医疗中心的总称）"（2009年，设计：日建设计），即使并未提及日常性，但由于那里和日常生活并没有十分脱节，仍可感受到所谓的"泛日常性"。到稍微时髦的大型购物中心去逛街，虽不能说是日常，但也不至于是非日常吧！这种日常，我称它为泛日常。当自己或家人生病时，医院是日常或泛日常的场所，而健康时则被认为是非日常的场所。能在具有此特性的医院中感受到泛日常，可说是相当珍贵的经验。

怀着对今后的医院不只有诊疗或看护功能之期待，我这个医院建筑的门外汉，今天特别以思考一般建筑的角度来提问。

医院建筑的新机能

山本　　首先，针对功能而言，我认为医院建筑重要的功能虽然是诊疗或看护，然而不应仅是单以建筑的存在来思考，也应对在医院中的生活方式做提案，并表现人与设施如何通过空间来沟通。以"府中医疗中心"来说，各部分都予人像是车站或购物中心一般，日常生活中常见的城市空间的印象。这样的空间表现，应是由于意识到伴随日常性而产生的交流而形成的吧？在这个例子里，各空间的性质是被如何设定的？

五代正哉（以下简称五代）　　的确，由一般医院与儿童医院所构成的"府中医疗中心"是尽可能地配合多数病人的日常生活习惯、作息来设计的。由于一般医院"东京都立多摩综合医疗中心"是一间具有急救中心的三级医疗机构，因此住院期间被缩短成12天左右。我认为从增加外来的定期治疗或手术前的检查、减短门诊的等候时间、提供高度集约的住院治疗以及使急救医疗能提供安心感等方向来看，减少对患者原来日常生活方式的影响，是最为重要的议题，同时考虑老年人的特性也十分重要。而儿童医院"东京都立儿童总合医疗中心"，为了接受有心理疾病和严重疾病的特殊儿童，我们设想了长期住院治疗的情形。由于孩子们是在成长时期长期住院，我们朝着能配合成长期的方向而努力。例如，专为患病儿童及有心理疾病儿童而设置的学校也包含在其中。有心理疾病的孩子们，往往身体健康，因此设计了能上体育课的体育馆与20米游泳池。

此外，对患有身体疾病的儿童，设计了从病房到学校的上学路线。在这上学路线中，为了让使用者能感受寒冷和暑热，以及四季轮替，特地将路线的一部分设在室外。这即是考虑患者日常生活的设计手法。

山本　　我认为如此的操作手法是超越了医院环境行为学，而更接近建筑空间思考的想法。操控日常与非日常是建筑表现的根本。这当然不限于医院设计。这是像我这样并非医院设计专业的人也能感到认同的手法。

五代　　这医院中有几点可以提供思考医院日常性的机会。例如，在医院里分散设置了家庭房，在家庭房里放置了舒适的桌椅，以供病患与家人一起吃饭或聊天，是能让一家团聚的空间。同时也考虑到人都会有想独处的时候，而设立了宁静的

辻吉隆　　　　　五代正哉　　　　南部真　　　　山本想太郎

"府中医疗中心"的屋顶空间。在后方天井的走廊是通往医内学校的上学道路。

日本是在先进国家中新生儿死亡率最低、最长寿的国家。这是保健医疗制度领先世界的成果。但是，在迎接超高龄社会的同时，由于经济景气低迷，今后的医疗费用负担被预测将会越来越沉重，因此医疗制度的改革成为当务之急。

每一个先进国家都渐渐迈向高龄化，医疗制度的改革成了这些国家最重要的议题。

从医疗保险制度的角度来看，英国和新西兰等国重视以租税方式，免医疗费，重视公平的医疗。美国实行民间保险公司的分层医疗保健制度，是市场中心主义（Market-centric）。日本、韩国、德国则采取社会保险的医疗保险制度，这比较中庸。

在英国，医疗是免费的，但设有家庭医生制度（GP）。在有GP的介绍之后，才能有住院、接受手术的机会。这成为对接受诊疗的限制。美国则有是否能加入昂贵的民间医疗保险的问题，这也限制了接受诊疗的机会。结果发生了没有加入医疗保险的国民高达4500万人的情形。虽然，奥巴马政府在今年3月执行了医疗保险制度改革，但像用税金来为未加入保险的人支付民间保险费这样的内容，与到目前为止的立场并没有不同。 另一方面，日本在1961年施行的"国民全体保险制度"，让"不论是谁，在何时何地"都能接受医疗。但是在逐渐趋于高龄化的社会情况之下，要维持到目前为止的公平的社会保障制度，必须施行医疗制度的改革。

2000年引进介护保险，施行了与医疗保险的设施分区，让需要高度医疗的病患和一般病患分别使用不同的空间，来作为降低医疗费的方法。设施的分区转变成护理保险型之后，必须谋求有效率、有效果地利用有限的医疗资源，并加强医疗设施和护理设施之间的合作，以提供不间断的医疗服务。

医疗设施改革的先驱是"国立医院"及"国立大学医院"转型为独立行政法人（2004年）及之后的"国立高度专门医疗中心"的独立法人化（2010年）。

在2007年接受"经济财政改革的基本方针"之后，"公立医院改革"也正在推行。在总务省发布的"公立医院改革指南"（URL：http://www.soumu.go.jp/main_sosiki/c-zaisei/hospital/guidline.html）里，介绍了各种谋求改革及网络化的模式。各地方政府正在所管辖的公立医院中，推敲目前的改革方案，并进行转型。其中，在东京都，根据各都立医院在医疗机能上的特质，将医院分成"重点医院""专门医院""地方医院"三种类型。让原本相似的都立医院，在功能上能有明确的区分，集中化，并充实网络，正在极积地重整当中。

到现在为止的医疗制度都要求必须让病患能受到"相同医疗"的公平待遇。比起医疗品质的问题，公平的诊疗机会更受重视。时代进步到此，不论是谁，在何时何地都能公平地接受"相同医疗"的想法已经转变成要能公平地接受"良好品质的医疗"。这产生了开展医疗选项的必要性。

医院与医院合作，医院与诊所合作，为增强网络，让需要良好医疗的病患能公平地接受诊疗方法中，要求医疗功能类型化，集约化，并充实加强网络。

同时，在连结设施的护理施设中，在宅医疗及地区护理中，必须达到不是以"生病模式"而是以"生活模式"来推行追求具备有支持生存力量的"尊严"的设施整备。近年，在印度和新加坡、韩国首尔等地，国家政策推行了医疗观光，让病患在邻近国家可以接受良好却低价的医疗。现在是不仅以国内的角度，而该从国际化病患的角度来评价日本医疗体系的时代。从软件和硬件的方面来重整病患需要的医疗体系，并使之具有世界竞争力已变得非常重要。

(辻吉隆 / 东短Holdings)

"冥想室"。之前的端午节时，还在屋顶上架起旗杆挂上鲤鱼旗（译者注：日本人家庭会在端午节时，在家的屋顶上挂上鲤鱼形状的旗子以求平安）。我认为这医院有在许多其他医院无法兼顾到的日常与泛日常的使用方式。

山本　对以短期住院为主的"府中医疗中心"和中期住院为主的"东京都立儿童总合医疗中心"而言，各自所要求的日常性是不同的。我听说在以长时间住院医疗而设定的"东京都立儿童总合医疗中心"中为了丰富住院期间的生活，你们做了各种努力与设计。

南部真（以下简称南部）　即使短期住院，我仍要创造一个丰富的氛围。在"日本红十字医疗中心"（2009，设计：久米设计），设定的住院期间是14天（现在是12天），没有考虑到长期住院。然而，即使是短暂的住院期间内，仍必须费心注意睡醒时的照明，或是冷气开关的位置等患者切身的感受。在设计"日产厚生馆玉川医院"（1978年，本馆设计：吉村顺三。2009年，南馆设计：鹿岛设计）时，吉村顺三先生曾说："医院需要有令人安心并感到安静的空间"。依据环境行为学来设计是医院建筑的根本，要像日常一般令人感到舒适也非常重要。

山本　的确如此。对尚未习惯的使用者而言，易用性也很重要。我想那是建立在建筑的细部之上。顺带一问，与国外医院相较，日本医院的疗养环境水平如何？

辻吉隆（以下简称辻）　水平并不太高。在日本，医疗预算只有GDP（国内生产总值）的8%，一名医生得比其他先进国家多做3到4倍的工作。这也影响了疗养环境。根据医疗制度改革而制定的医疗法规定，一位病人所使用的病床面积是6.4㎡（若病床面积超过8㎡，便列入医疗环境计算，医疗费用会提高），而美国的基准是11㎡至12㎡，英国是16㎡。当然病床面积不是评判医疗环境的全部，但对环境的重要性已透过法律显现出来。

在日本，以前有六成左右的人在自己家里过世，现在是有八成的人在医院

挂在"府中医疗中心"屋顶庭院的鲤鱼旗

或相关设施里死亡的时代。特别是多数的人是在有4张病床的狭小空间之中去世的。作为临终的场所，医院是否被设计成合适的环境?出于必须创造出更好的疗养环境等考虑，我提倡设计称为"绿色医院"的医疗环境。这是以绿化与医疗设施的共生为主题，将植物带入医院中，以提升患者的疗养环境。同时，由于医院占地广大，这对街道也会有大的影响。将医院的绿化向街道开放，创造不封闭而绿意盎然的医院，能同时达到提升疗养与街道环境的目标。

前一段时间参与的"国立成育医疗中心"(2004年，设计 : 厚生劳动省医政局国立医院课、日建设计、仙田满＋环境设计研究所)中，在病房大楼与研究大楼之间设置的花园(成育花园)不但是疗养花园，也成为附近居民的步行空间及儿童游玩的场所。

山本　将花树等自然要素融合，是构筑医院环境相当重要的条件。如您所言，将封闭的印象做成开放而广阔的空间等将自然导入医院的手法，是从过去就在做的尝试吗?

辻　在20多年前，德克萨斯大学的医院研究人员Roger S. Ulrich所写的有关医院花园的报告引起讨论。例如，给病患看抽象绘画、人像画及风景绘画后，让病患选择最感安心的画。实验结果正如预期，病患选了风景绘画(笑)。这研究的结果是，对病人的疗养环境而言，自然要素是极为重要的。

另外，十年前，我想出了一个使一间病房中的4张床都能看到外头的平面(图1)。这是具有私人房间特质的多床病房。若把所有病房都设计成私人房，所有的病床便可拥有窗。但受限于医疗费用，4床病房的存在是必然的，因而我产生了这个想法。具有私人房间特质的多床病房现在遍布日本各地。为了将自然引入医疗环境中，我尽了最大的努力。

南部　我也设计了具有私人房间特质的多床病房。当将设计理念实现成详细的计划时，才成为真正日本风格的建筑。

为空间而设计

山本　接下来，我想请教有关建筑设计的问题。医院必须同时具备符合医疗功能的严格规划及提供良好的建筑空间。这两者的要求如何与建筑设计实际结合?我注意到一点，在大规模且机能复杂的医院设计中，多数的过道是规划成

格状布局。而"府中医疗中心"与"日本红十字医疗中心"的过道被设计成各具机能。不单纯只是动线，也是等候区，它成为人们聚集的场所。这样的规划，有减少空间浪费的效果，也具弹性。而且，病人的动线是在人看得到之处，这使人能有安心感。在新型医院的规划中，如何设计走道是否成为一个要点?

五代　"府中医疗中心"是非常大规模的建筑。工作人员有3000人，一天来看病的有2000人以上，病床数是1500，总的来说一天有6000人以上使用。因此，这栋建筑需要既宽又广的过道空间。一般医院和儿童医院均设有贯穿南北的大厅，在大厅从4层楼高度的天井上的天窗引入上部光线，以让挂号柜台面向大厅，使这大厅成为前往目标的引导动线的起点。再加上动线机能，是给予病患安心感而做的努力。在儿童医院的走道墙面上装饰玩具，在每个柜台放上真实比例的动物木雕等，我们下了各种功夫使人通过走道时有各种体验。

这设计能够实现是由一个技术上的革新所支持的。众多病患能自由地活动，是由于交给了他们呼叫机。若没有这个不论何时何地都能以无线的方式呼叫病患的机器的话，等待叫唤的病患便无法远离柜台。"日本红十字医疗中心"与"国立成育医疗中心"都使用这个系统。呼叫机的开发，给予了医院建筑设计很大的可能性。

南部　目前，病患的走道与医院的服务走道互相咬合的梳齿型平面是主流(图2)。一般流程是病患在等待大厅等，在被叫到号码之后再移动到诊室前的空间。但是，如果妥善运用呼叫机，至少等待大厅是不再需要的。这是因为，不论何时何地都可以等到呼叫机显示之后，再去诊室前即可。还有，现任的呼叫机算是一种特殊的机器，或许将呼叫讯号传送到手机的系统也可能被实际应用。医院中有关使用手机的限制将会渐渐开放。

这个技术的改革将过去的医院建筑设计的限制解除。如果不必在一个地方等待就诊，便可以考虑多种丰富病患等待时间的活动，医院设计的状况也会渐渐变化。

辻　最近，在医院建筑设计的演变中，一般等待的场所是重要的议题。在过去，为了管理许多人，几乎所有医院都是在入口附近设计可容纳众多病患的等待场所。因此，生了病而到医院来的人，当他进入到医院时，和许多其他的病患站在一起，瞬时成为病患的一员。这对医院文化而言并不妥当。对这些将成为病

照片2张，由仙田敏供给

国立成育医疗中心

设计　厚生劳动省医政局国立医院课、
日建设计、仙田满＋环境设计研究所
完工　2004年

在医院楼和研究楼之间的疗养庭园，兼备附近居民可以通行的步行空间及让儿童玩乐的场所。正是实现"绿色医院"的建筑物。

(辻吉隆)

值得关注的医疗设施 2

Vanderbilt 儿童医院

设计　Earl Swensson Associates
完工　2004年

"以儿童为主的场所"作为基本理念，在任何地方都表现出游玩对儿童的重要。

(五代正哉)

照片2张，五代正哉

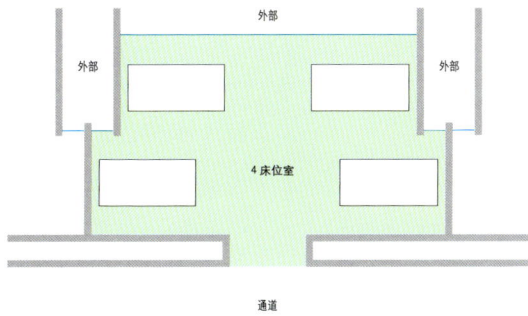

图1 具有私人房间特质的多床病房案例
门窗延伸到建筑的内部，在多床病房里，靠近走道的病床边也能配置窗户的平面。

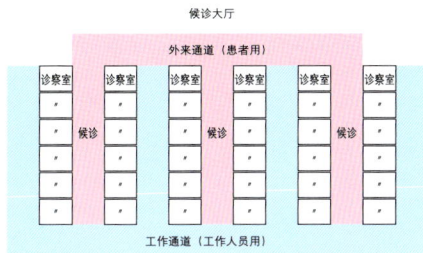

图2 梳齿型平面
在夹着诊疗室、病患和工作人员用的梳齿型的走道互相咬合的平面中，同时设计了分区动线与病患等待的流程。

患的人而言，必须让他们有做好心理准备的时间。例如，在医院的入口如能设计成有如从街上的商场延伸过来的一样，在到达一般等待室的过程中，病患可以调适好准备就医的心情。这样的系统，必须详加考虑后，再行设计。例如，在"府中医疗中心"的"医院商业街"中有餐厅和咖啡厅，并设计得像街道一样。"日本红十字医疗中心"在到一般等待室之前也设有散步长廊。而我参与的"国立成育医疗中心"的入口是可以看见庭园和商场的大型中庭，一般等待室便是在中庭的一角，有天井的室内空间。为了能使来医院的人做好心理调适，我使用让人不易感受到一般等待室的存在的方法。

山本 经由规划，引导病患的意识很自然地改变。而且，不是以一般医疗设施的想法，而是创造出好的建筑空间的手法。

医院的可持续性

山本 "低碳社会"虽是现代的潮流，一般的建筑已不能不从更广泛的定义来思考可持续性的问题。医院建筑也不例外，更进一步说，医院不能不时常维持它的城市功能，同时还不单是维持建筑的结构上的坚固就足够了。它当然要对人的安全有保障，还要支持先进的医疗，并满足诊疗或看护所需要的功能及经济性。若不从各种角度来综合思考，医院的可持续性是无法实现的。"府中医疗中心"好像有1350张病床，这个数据是如使决定的？

五代 由于"府中医疗中心"是PFI项目(译者注:PFI是指利用民间资金建设或整修公共设施的项目)，所以东京都提出必须要与改建之前的医院具有同样规模的病床。我想作为一般医院，在考虑急救病患或手术病患将会增加的状况下，即使缩短平均住院天数，也必须保持与现状相同的规模。而在儿童医院方面，由于原来就计划与别的医院整合，病房楼是阶段性地开放，所以应会考虑今后的变化，来决定最后合适的病床数。

山本 今后，为支持医疗的进步要求与规模的变化，无法采取像改变各房间机能的做法吗？

五代 我认为到目前为止，医院是以增建为主。但在医院设施的全体规模已被确保的现在，不能不以修整手法为中心来思考。例如将4床房改成2床房，也可能有必要将病房修改成新的检查室或手术室。这次为实现复杂的机能，而把

●●●

涉及建筑的当前医疗2　关于由PFI所开创出医院建筑的新可能

PFI是Private Finance Initiative的开头大写字母缩写，是新型的公共设施整备手法。利用民间的专业技术和筹款能力，由民间企业主导建设公共设施，在开始营业后，一部分医院的经营也继续由民间企业负责。多数的PFI项目是民间企业筹款成立，而都立多摩儿童综合医疗中心则是采用由东京都筹措初期资金后，设计、施工、设施管理、经营后的医疗相关服务等总括起来，委托给民间企业进行的PFI项目。将预想了经营状况的设施建设、活用建设专门技术的设施管理等工作，以总体处理的方式，填补不同工作间的缝隙，并尽可能减少事业全体的费用支出。　这个PFI项目的两间医院，是总计有1350张病床的大型设施。再加上一开始医疗设备、家具、器具、信息系统几乎全由民间企业来采购，到今年3月，开业后的15年之间，大致上的医疗相关服务(提供膳食、化验、医疗办公、设备维修、清洁)，及药品、医疗材料的采购，水电瓦斯费用也均由民间企业负担。这是这个大事业的范围及规模的特征。

身为建设统筹——SPC的任务

在这个PFI项目得标之后，成立了SPC(Special Purpose Company，特别目的公司)的"多摩医疗PFI株式会社"作为推动这个项目的基础，并从主要出资公司的清水建设，转了相当多的工作人员到此。由于这个先进的医疗中心具有复杂的设施，并且由于参与建设的有关人员涉及设计师、建筑商、分包商、医疗设备制造商、信息系统供应商等诸多专业，因此建设事业统括地由管理、建设统筹的SPC来担任。它的任务包括统筹管理工程，确认公共要求的水平是否被确保，主导医院的意见统一，调整全体的支出，以及诸多专业和其他业种间的关系。即使工期极短，仍照预定计划完工。这个大型的医院在开业后能顺利地进行诊疗，经营，我认为是由于这个统筹机构发挥了效果。在PFI项目，所有的建设事业能总括起来，一次承揽，使建设筹的功效容易发挥。

依性能订购与创意智慧

PFI项目的最大特征之一是有效施行、依性能订货。当为选出主导企业而要求制作建议书时，东京都只指示了大概的设备机能或设备方式(要求水平)。比起普通的公共项目标准规范，它的限制较少。在得标之后，一边经过和院方沟通来确认院方要求，一边考虑全体预算，制作适合医院的计划。例如，在制作冷弯型钢隔板基础的强度计算书时，当民间的计划和东京都的标准规范具有同等的性能被确认后，民间提案的计划即被采用。由于有了众多其他民间创意智慧的累积，使建设支出适当。

医院经营业务与医院建筑

虽然从很久之前便开始提倡考量生活方式的设施建设，但让更实际有效的计划实现的是PFI项目。医院一年365天，一天24小时开放，并要求设施的维护与清洁方式必须对医院诊疗的影响减到最低。在PFI项目中，由于SPC在医院开放之后仍提供营运业务，从设计阶段便参与，因此营运业务的合作企业的意见、建议较易反映在设计里。这次对于选择病房地板的材料，由于接受了负责清洁的企业的建议，为减低定期清洁时病床移动的负荷，考虑清洁方法，而选择不用打蜡的天然亚麻油地板。

另外，将仔细管理能源使用量的设施维护业务列为主要业务，配合电费、瓦斯费的变动，选择使用机器的运转来缩减能量费用支出。这是活用PFI项目的特征而衍生出的医院营运。

PFI项目为了创造能妥善长期经营的医院，使用了将设计师、制造商和其他与建设有关的人员设置成一个团队的方法，或将在营运阶段必须考虑的事项编入设施建设的过程中等方法。

(五代正哉/多摩医疗PFI)

各房集约地配置，我想即使是当修整时，也要不破坏原始设计时的明确动线计划，并确保机能。还有，"府中医疗中心"的用地面积是极广大的18万平方米。这次建设的医院，是包含附属医疗设施的综合发展计划，因此，用整体的机能以可变化调整的方式去确保可持续性是非常重要的。

南部　　"日本红十字医疗中心"的旧医疗中心原有800多张病床。由于住院天数的减短等理由，病床减少，现在有708张病床。这是在考虑东京都的保健医疗计划和医院所应具有的机能等复杂的理由之后所下的判断，而不单纯是设计一栋建筑物时能决定的。只是，建筑必须保持能对应机能改变时的弹性。例如，"日本红十字医疗中心"是总建筑面积充裕的建筑，空间也具有弹性，我们考虑将4床房改成私人房的可能，事先降底地板，以便增设厕所及浴室。还有一点是比较琐碎的问题。考虑到定期打扫，可不将房间清空，即可打扫的免上蜡地板对医院的可持续性也很重要。

山本　　"日本红十字医疗中心"的用地上建有各种建筑物，不只是医疗设施，还有看护保健设施、看护大学及住宅等。它由不只是医院的体系构成。这是通过设施的共用，连结医生及护士的互动以达成可持续性吗？

南部　　那是很明白的连结。因为看护大学的学生到医院见习，医院的医生也在看护大学教书。医疗、福利、教育互相结合、补充，以达到全体的可持续性的目标。

山本　　对必须不断引进最新技术的医院建筑来说，建筑的可持续性是如何思考的？

辻　　不断变化可以说是医院的命运。有一段时期，我被建议设计可适应增改建的多翼型平面(图3）。这是将病房楼设在附属的侧楼，各栋侧楼的最尾端预留准备增建空间的计划。但是，实际观察增建的方法，就发现增建不是使用侧楼的最尾端，而是在完全不同的地方。这个想法与实际情形有段差距。

不过，之前我参观的德克萨斯州休斯顿的Methodist Sugarland医院是成功地增加了病床的建筑。这个医院是从小诊所开始，过不了多久便成为拥有200个病床的大医院。为了应对这个改变，这个医院先将平面停车场做成停车楼，利用空

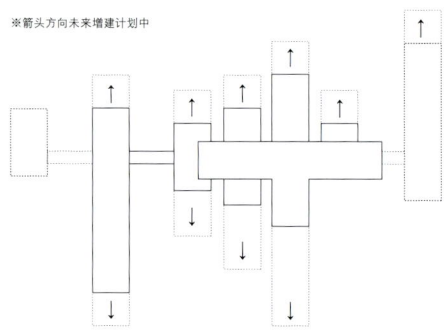

※箭头方向为未来增建计划中

图3　多翼型平面的案例
考虑了对应医院建筑的扩张及变化的计划。医院内各部门对扩张及变化各有不同的要求，将每个部门安置在不同的侧楼，而成为互不受限制，能独自发展的计划。

出来的空间来增建病房楼。事先大量制做称为Shell的构造单元，需要增建时利用这个Shell来应对变化的情况。这是个具有预测未来的想法且有计划性的设计。

"国立成育医疗中心"则是在成育庭园里预先设置称为阳光广场的扩建空间。实际利用这个空间建的新建筑物——临床研究中心已在今年4月启用。

还有，由于医疗的进步及东京都将都立医院重新编制成重点医院、专门医院、地区医院等理由，医院的平均住院天数变短。一位病患的住院天数减短，使空床比以前多。我想将这些空床利用在诊疗机能上，或把多床房改成私人房，可让医院朝积极的方向达成可持续性。

涉及建筑的当前医疗3　**医疗福祉设施的集约**

尾道市的公立Mutsuki综合医院是以将与医疗、福利相关的设施，集约地设置在邻近的用地，构筑区域综合医疗和区域综合卫生保健系统而闻名。在这儿，借由提供健康促进、疾病的预防和诊断、复健、介护福利服务及家庭护理，实现了从保健到医疗甚至是福利方面不间断的合作。

像这种综合医疗福利服务根据地的合作方式，具有很多具体的特征。首先，由保健中心所执行的健康检查、营养指导、预防性照顾、育儿支援等，要尽可能地减少对医院或福利设施的依赖。老人保健设施、特别护理老人之家、Group Home等设施可以给出院的病患提供去处，减少社会性住院（Social hospitalization）的情形，也能缩短平均住院天数。这使医院可成为专为急性病患服务之处。还可以提供日间照顾、日间护理、访问介护、访问看护等在家进行的介护服务。

此外，在这根据地同时设置住宅，可考虑在专用柜台提供健康咨询、体检和体检预约等医疗合作服务。在都心，不太常见到像这样区域医疗及卫生保健的案例，但由于都心的高龄化也在急速进行，因此我预料，都市型综合医疗福利中心的需求与可能性会渐渐增大。

（南部真/久米设计）

由车站正上方看，最好的用地条件而衍生出可自由前往、通行的医院。这也显示了在铁轨上方建设医院建筑的可能性。

（南部真）

东急大冈山车站附设东急医院

统筹　东京急行电铁工务部设施课
设计建筑师　安田幸一研究室＋安田事务所
设计　大建设计
完工　2007年

112 ~ 117页做特殊标记的照片，摄影：日本《新建筑》写真部

值得关注的医疗设施 3

文化与医疗并存

山本　听了大家的谈话之后，我理解了医院建筑不只是在应对进步的医疗机能上，在开展建筑空间表现的可能性上亦有进步。最后，我想请教今后的医院建筑的展望，及该朝哪个方向去努力？

五代　到目前为止对医院的印象，如果从颜色来说，是"白色"。这便使人感到医院是优先考虑诊疗机能的单调空间。但是，急诊护士的工作量在朝一天24小时都可达到一名护士照顾7名病患的状况去努力，加上为应对医疗的进步，对每一个病患都能细心地看护也日渐实现。同时今后的医院建筑不但能提供更进步的诊疗环境，也能让病患依照原本的日常生活方式住院。希望医院可以成为让人感觉更亲近的地方。

　　在渐渐进展的高龄化中，如何有效利用医疗社会资源，是我国的一个问题。这次以PFI人员的身份参加"府中医疗中心"的两间病院的修建，并利用民间的办法和创意，来达成建设费用及启用后的营运开支的合理化使用。还有让设施长期保持在最佳条件、提供最有效的服务将会是今后的业务重心。

南部　如之前所说，即使在等待的空间中也刻印有因医院建筑的技术或科技的进步而起的变化。今后，当技术革新使设计能更自由时，能够活用这些技术是非常重要的。

　　另外，医院建筑是基于院方从事100次以上调查所做出的医疗理论而形成的。在这当中，设计者不能忘记创造出舒适、安静的空间是最根本的。

辻　慎重使用有限的医疗资源，提供公平的医疗是今后的医疗应努力的方向。因此，医疗制度的改革，不是一味地降低医疗费用，也该从改善医疗、疗养环境的角度来重新检讨。

　　我想从建筑或城市的角度来看，医院必须提醒我们，生病是每个人切身的问题。不是使人感受"进到这儿，就是最后的日子"的医院，而是融入日常的医院。还有也不应该忘记，医院是让人能有尊严的临终的场所。

　　　　　　　　　　　　（2010年6月14日，于新建筑社　文责：日本《新建筑》编辑部）

在具有急性期医疗、地区合作、缓和医疗、母子医疗等的综合医院里设置保健中心、医疗健身中心、出生中心、育儿园、多世代交流中心、有机咖啡厅、面包店等各式的设施，成为充满"支援生活所需的网络"的地区合作型网络医院。

（辻吉隆）

经由共开过43次的千人会议（南生协医院建设　运动推进委员会），实现了由市民参加来决定的设计流程。

（南部真）

南生协医院

设计　日建设计
完工　2010年

Methodist sugarland 医院

设计　PageSoutherlandPage
完工　2008年

Memorial Hermann 医院和MD Anderson 医院一样，正在推动同公司组内大规模的医疗系统网络。

（辻吉隆）

为建成39年的办公楼配备网络基础设施

通过改建印刷厂实现的空间

专题2：

最大利用原有特色的翻新改造

2010年第二次的翻新改造特辑是"最大利用原有特色的翻新改造"。所刊登的四个作品和两个项目是利用有历史的原有建筑物的构架和空间结构进行翻新，通过更换其用途和功能，提高它的性能，使它增加价值。改造原有建筑有各种各样的手法和规模。使用框架或家具的"箱中箱"，增加新的墙，为了抗震而把支撑（brace）像缎带似地缠绕的加强法等等，都是为了使原有建筑发挥它的潜能的各种翻新改造的尝试。

（编辑）

相关文章："选择'翻新改造'"（日本《新建筑》1003期）

企业和个人的合作空间/箱子创造出的空间

使用缎带包装的整治

缝合现存躯体的新设墙壁

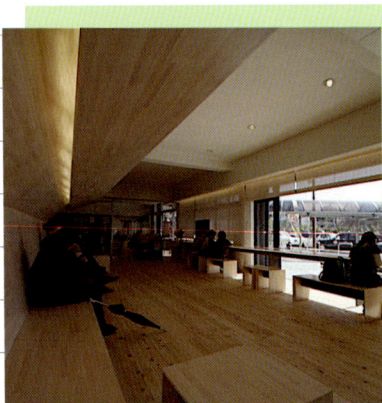

为地方都市打造新的公共空间

内田洋行泛网（Ubiquitous）广场"CANVAS"

设计　POWERPLACE　内田洋行
施工　大林组　UCHIDA TECHNO　Uchida Information Technology
所在地　东京都中央区
UBIQUITOUS CREATIVE KNOWLEDGE SPACE, CANVAS BY UCHIDAYOKO
architects: POWERPLACE

西南侧外观。结构以及构架使用原有的建筑，为充分利用配备的网络基础设施，实现自己公司开发的泛网（Ubiquitous）技术和软件技术的办公环境而付出努力。入口处铺着木质地板，2层设有木质地板的阳台。

①

6层办公区(①)。在这次整修中，提前完成抗震加固工程，直接使用了原有的构架。搭在室内的框架是空间结构系统"SmartInfill"。在此装有网络基础设施，全馆安装了LED照明、安保系统等设备，还摆放了被称作"GreenRail"的办公室绿化植物。

以"能"舞台为主题的设在2层的研讨会空间(②)。两面有开口，里边修建庭院。

②

设计　空间设计　POWERPLACE　内田洋行
　　　信息通信系统・信息设计　内田洋行
施工　建筑　大林组
　　　内装・设备　UCHIDA TECHNO
　　　信息通信系统　Uchida Information Technology
用地面积　1002m²
建筑占地面积　736m²
总建筑面积　7413m²
层数　地下3层　地上9层　阁楼2层
结构　钢结构钢筋混凝土　一部分为钢筋混凝土
工期　2003年12月～2010年5月
摄影　日本《新建筑》写真部

利用原有构架的填充翻修

开始这次翻新改造之前，进行了为达到新抗震标准的抗震加固工程。安全方面是已经有保证的，所以我们这次翻新改造，结构和构架尽量利用原有的，然后通过在填充(内装・设备)方面的整修努力达到目的。有关设备，馆内设有2GB网络和跟公司内网络隔开的访客专用网络，兼顾便利性和安全性。除了这些基础设施以外，LED照明系统，以及通过IC卡认证的安全系统等设施都安装在被称作"SmartInfill"的空间结构系统内。（向井真一）

2层仰看天花板。原封不动地保留原有的设备管线。

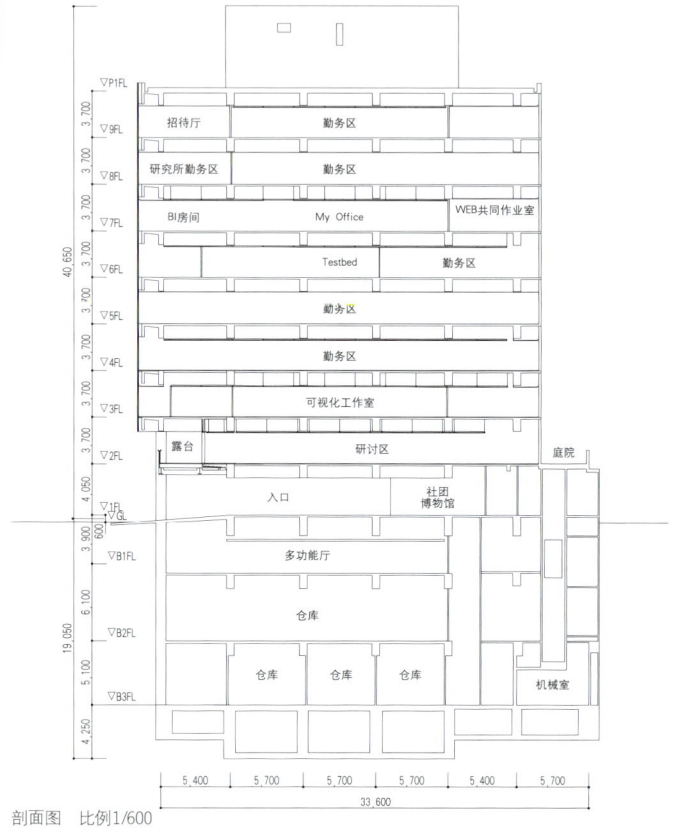
剖面图　比例1/600

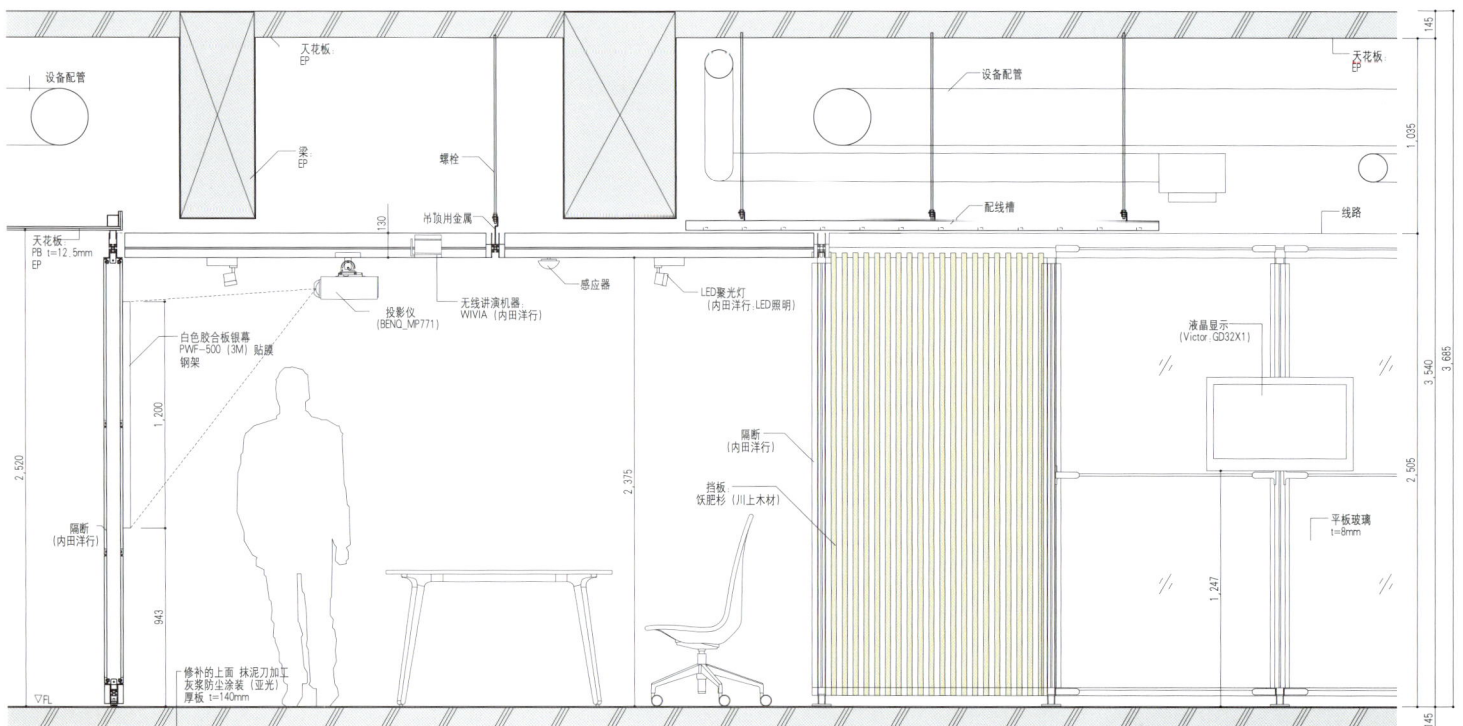
剖面详图　比例1/40

对 Ubiquitous Place（泛在场所）的挑战

日本总务省发表了以2015年为目标，给所有的家庭普及宽带的"光之道"计划。以iPad和3D电视为代表的新网络设备的出现和云服务的发展很显著，可以说我们真正迎来了网络社会的到来。

但是跟消费者市场的网络技术和服务的活跃相比，不能不让人感觉到学校、办公室和公共设施的网络普及有些落后。其最大的理由是建筑内的网络基础设施和网络的空间设计，以及内部装饰和设备的落后。而且，安全自由地利用网络时不可缺少的安全环境和利用网络的内容也不能不说还有待完善。

内田洋行为了应对这些问题，以2001年的下一代解决方案开发中心的创立为一个起点，进行技术设计中心、教育综合研究所、智力生产性研究所等R&D功能的强化。这次在将要翻修已建成39年的总社大楼之际，利用已有的开发活动中研究出来的技术，试图把企业理想"Ubiquitous Place"变为现实。

具体来讲，就是要建立一个安全有力的网络基础设施，充分利用内田洋行一直开发的泛在技术，以及跟海外企业共同开发的软件技术，实现新的办公环境。此外，全馆采用LED照明的同时，也多用天然素材（木材），达到了低碳化。

组织的行为随时变化，而这次的翻新改造，我们认为完成了支持这种变化的"场所"的初始设置。今后，我们将跟顾客共同创造，并与国内外的大学和企业携手合作，追求进一步的发展。

（向井真一 / 内田洋行董事会长）

总平面图　比例1/3000

上：6层的"Testbed"（③）。空间由"SmartInfill"分割的教室。在此配备葡萄酒检索系统和ICT，也可以体验LED实验室等。中：全面采用LED照明的4层办公区（④）。
下：1层"D-Molo Bar"（⑤）。门可以向外边开放，可以享受讲座或演示之后的畅谈的聚会空间。除了有投影系统之外，也可以作为网吧。

箱中箱(Box in box)

这次翻新改造的特征之一是在建筑这个外边的"箱子"的里面再组建将成为泛在平台(Ubiquitous platform)内部的"箱子"后，在此再安装网络基础设施和各种装置或ICT服务。而这种构筑空间的方法被称作"箱中箱(Box in box)"。由所有的设备都可以自由安装的铝框和简单结构的木质人造板组成的空间平台，SmartInfill实现的是可以高度利用信息的"场所"，以及对于用途的变更和系统更新的可塑性。

商务智能(Intelligence)

为了支持团队工作的知识生产，在合作空间里设有可以同步检索因特网上的公开信息及数据库里储存的社内信息的企业检索系统。

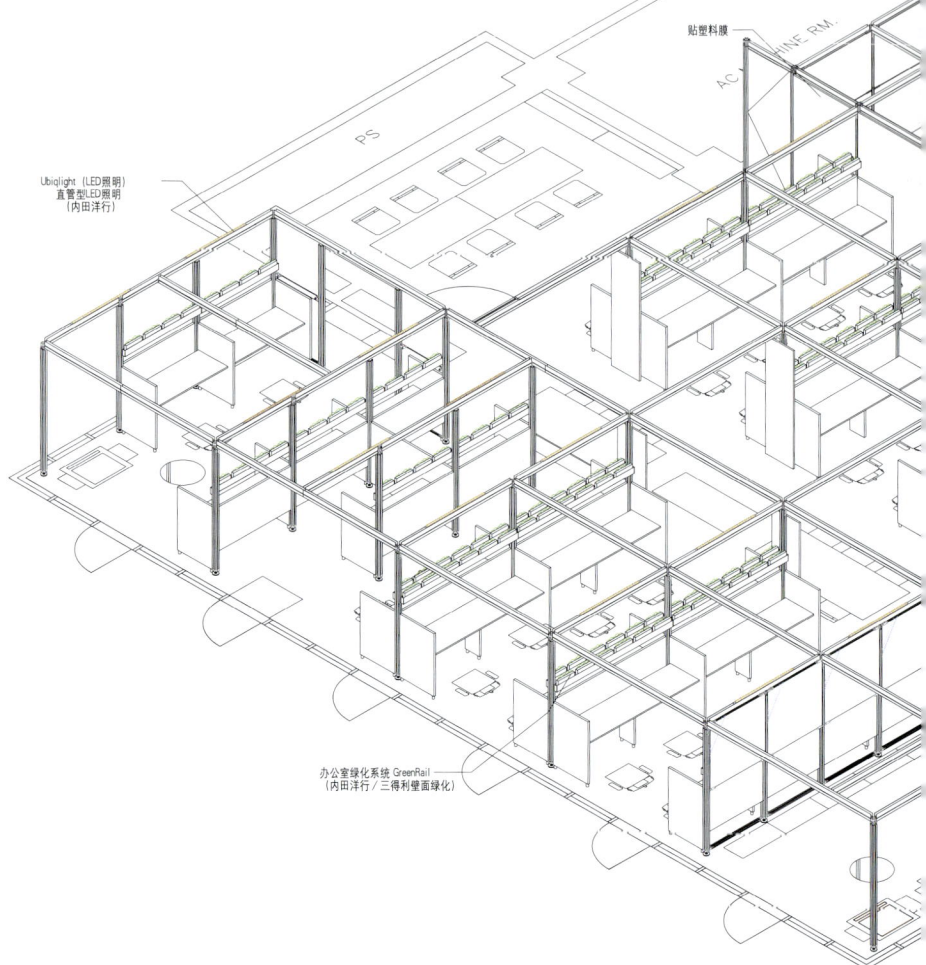

6层的等角投影图

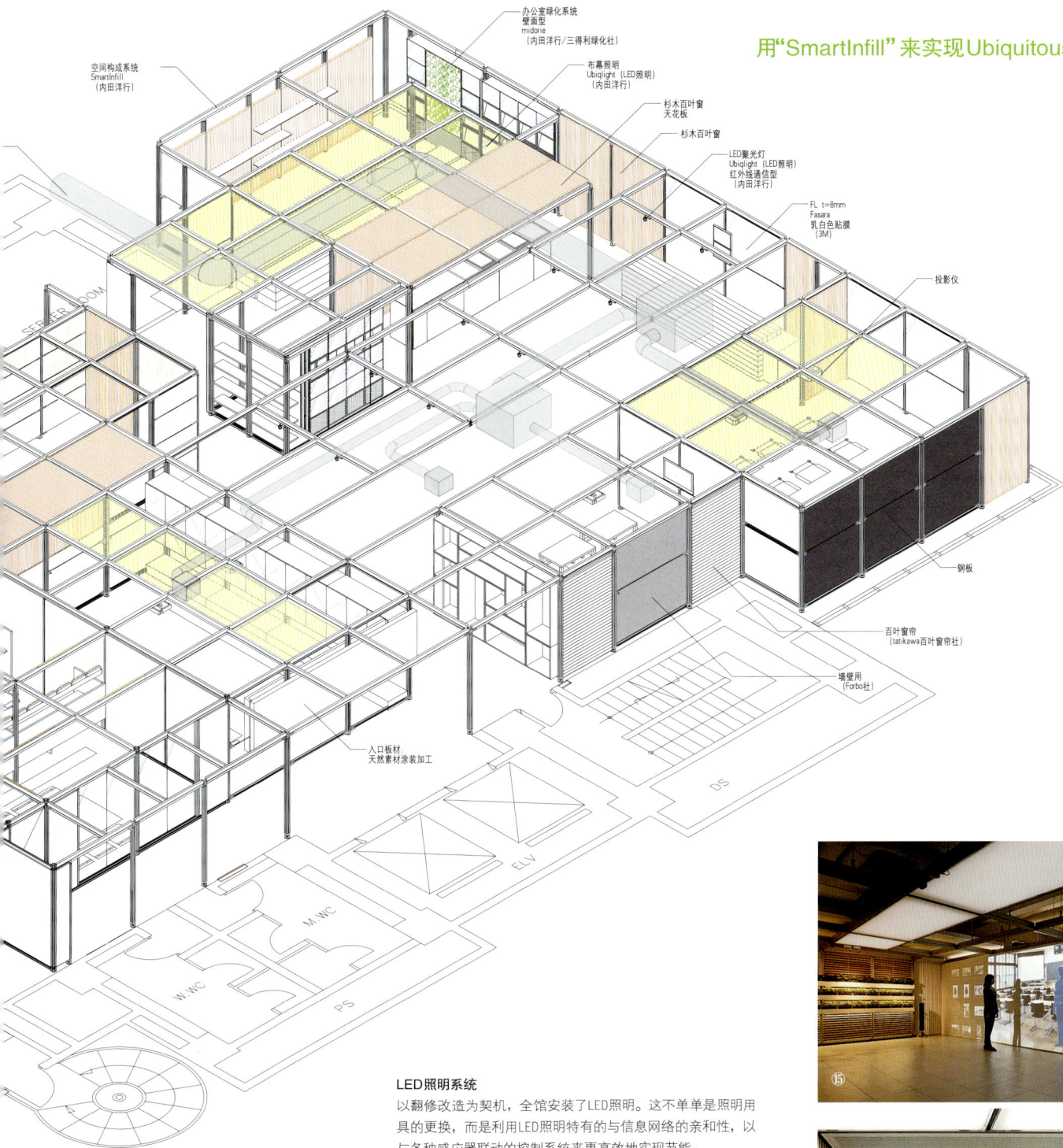

空间构成系统
SmartInfill
(内田洋行)

办公室绿化系统
壁面型
midorie
(内田洋行/三得利绿化社)

布幕照明
Ubiqlight (LED照明)
(内田洋行)

杉木百叶窗
天花板

杉木百叶窗

LED聚光灯
Ubiqlight (LED照明)
红外线通信型
(内田洋行)

FL t=8mm
Fasara
乳白色贴膜
(3M)

投影仪

钢板

百叶窗帘
(tatikawa百叶窗帘社)

墙壁用
(Forbo社)

入口板材
天然素材涂装加工

ELV

DS

M.WC

W.WC

PS

LED照明系统

以翻修改造为契机,全馆安装了LED照明。这不单单是照明用具的更换,而是利用LED照明特有的与信息网络的亲和性,以与各种感应器联动的控制系统来更高效地实现节能。

(向井真一)

⑮

⑯

⑥7层知识空间。利用企业检索系统的下一代图书馆。⑦其他据点的社员可以预约利用的7层"MyOffice"。利用"SmartInfill"的个人用成套桌椅排列成锯齿形。⑧5层。自建的杉树内装饰环绕的碰头会空间。⑨有大型视图尔特屏幕(Stewart screen)的位于3层的视频工作室。利用高精度3D等最尖端软件。⑩开放1层的"D-Molo Bar",木台阶上设置摊位。⑪研讨会或活动时使用的地下1层多功能厅。
⑫5层的办公室厨房是邻接设计师工作区的休闲性交流空间。⑬在所有的楼梯平台装有艺术作品的楼梯间。楼梯的扶手使用日本的二十几种杉木。
⑭在3层的视频工作室进行使用AR(扩充现实)的演示。
⑮可以利用信息资源合作的7层BI(Business Intelligence)室。在大屏幕上用投影机投影1:1尺寸的空间。⑯以翻修改造为契机,全馆采用LED照明。为了验证系统而设在6层的LED实验室。⑰使用环境控制界面"codemari",以智能电话一元化管理照明、音响、投影等设备的控制。

⑭

⑰

通过利用原有构架的填充整修，创造出多彩的空间

①～⑯对应120～126页的整修。

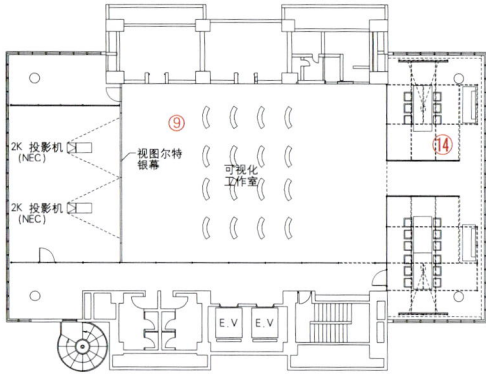

3层平面图

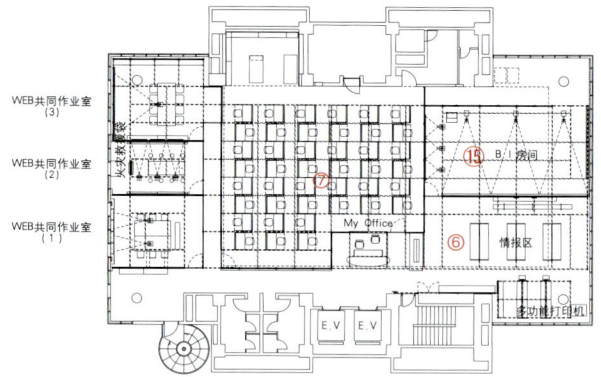

7层平面图

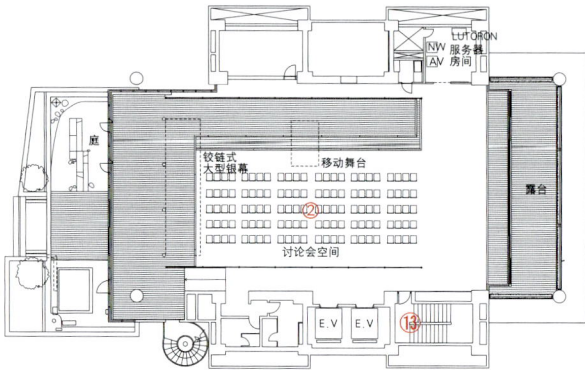

2层平面图

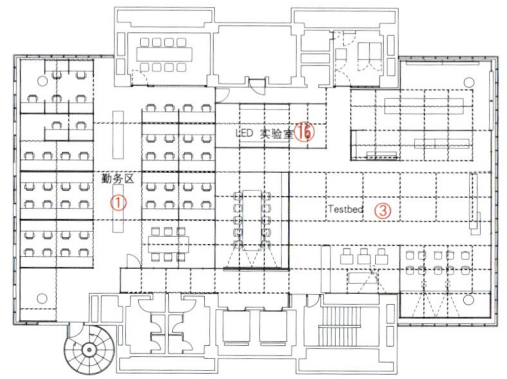

6层平面图

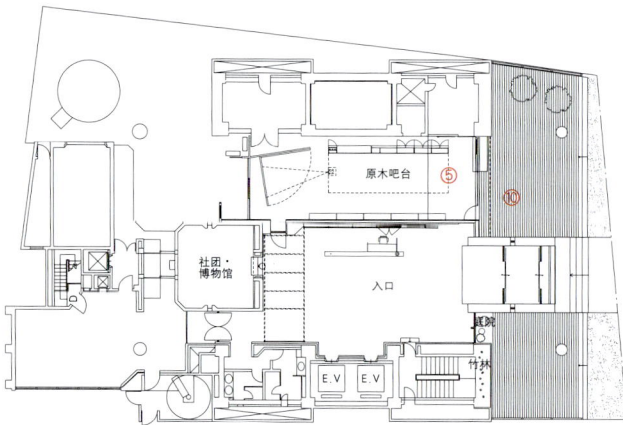

1层平面图　比例1/500

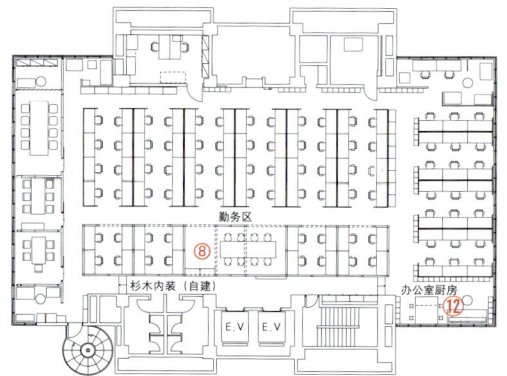

5层平面图

地下1层平面图

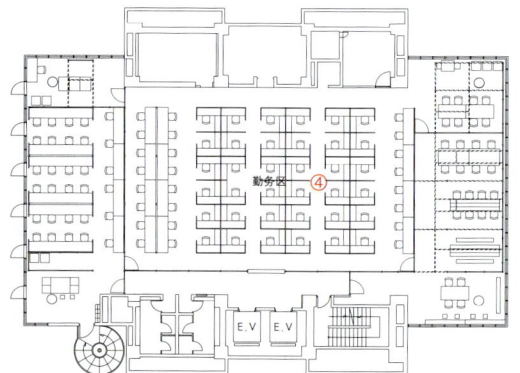

4层平面图

TABLOID

设计　OpenA / SEA Design
施工　北野建设
所在地　东京都港区
TABLOID
architects: OPEN A / SEA DESIGN

曾经安装轮转印刷机的超过10m高的空间，变成可以从侧面看到各层工作情况的三层露台。充分让印刷厂特有的气氛发挥出来，把它改建成具有办公室、画廊、展厅等的多功能设施。

作为媒体的建筑

该楼曾为产经新闻社的印刷厂。由于曾经在此印刷小报《夕刊富士》，所以名称将定为"TABLOID"。工厂闲置后的几年间，这个空间完全没有被使用。巨大的露梁，连用在仓库中都不太适合，变成了包袱一样的无用之物。好几个开发商都来演示拆卸后翻建成公寓或办公楼的方案。但是哪个方案都需要巨额的投资。而该地是位于高速公路和铁路之间的，噪音不断的港湾沿岸。这样的地方会不会有人来居住？

与此相反，我们访问这个空间的时候，根本想都没想到拆掉的事。发出轰响的轮转印刷机的幻影，四层露梁的力量，熏在墙上的墨水味道，都让我们产生对曾经不断地生产东西的场所的畏惧之感。

我为了演示这个废弃工厂的有效利用方法，去了产经新闻社，并坦白地讲我进入内部空间时候的印象。我的话居然引起了身为新闻记者的职员的共鸣。估算收支的结果也表明，改建比新建性价比高得多，这成为推进项目的很重要的因素。这时我比任何时候都强烈地感觉到兼有建筑和房地产知识的优势。

但从此以后就是困难重重了。曾为工厂的地方有一大堆不确定因素。施行（1981年在日本规定的）新抗震标准以前盖的老楼和以后盖的新楼在建筑中间相连接。因为屡经改建，分清电气和空调的系统也有困难。把这种有特殊性质的空间用途改变成聚集工作室、办公室以及咖啡厅等，使它改建成多功能设施，到处都有陷阱和意外事件，所以设计工作宛如挨个儿对付这些困难的游戏。在此过程中，我尝尽了在日本改建大规模工厂和仓库的困难，遇到了无数的限制。在保持它的潜能的情况下，在让美好地沉睡在城市里的"库存品"获得重生的时候，有许多规定有待重新研究。TABLOID的设计成为把这个问题暴露出来，让社会去关心它的契机。

在演示的时候，我又这么说。

"别认为这仅仅是一座建筑物。这是曾经生产纸媒体的地方，从这样的意义来看，这座大楼就是一种媒体"。

TABLOID现在被认作是举办各种实验性的活动、做装置，或以新的工作方法工作的场所。我认为引起这些的是这里曾经作为工厂的特殊文脉。我希望这是"改建"扎根在社会里的一个阶段。

（马场正尊）

看西南侧外观。建在首都高速公路和"百合海鸥（东京临海新交通临海线）"之间的用地。曾经为运货口的地方设开口，使它变成内部空间，并在标高1m的高度新设平板，改造成拥有开放性阳台的舒适咖啡厅。外墙的平面设计由THOMAN负责。壁画由KABUTOS负责，并且全是手绘的艺术品。

曾经为公共浴室的空间。把瓷砖和拆卸的痕迹保留的同时，把它作为室内装饰。

从2层的过道看3层露梁的店铺。各种行业的不同规模的组织落户在这里，但由于它们共有这个空间，存在有一种朦胧的一体感。左边的斜坡解决了原有建筑的旧馆和扩建部分之间的800mm的高差。

看清有魅力的地方，并把它继承下去

设计的工作是这样开始的，即确认活载，确保避难路径，确定所需的灭火设备和防火分区等，按照每个用途，先确认有什么样的法律限制，需要什么样的设备，然后把这些制成一览表，从项目的构想和预算的两个方面决定它的用途。

为了减轻热负荷，计划在尽量不把爬在墙面的无数的原有管道撤掉的情况下，给墙和管道的空隙加上保温材料，而为了给各个居室通户外空气，计划改建并重新利用原有的空调管道沟槽。此外，通过输入电和变电的设备的改造并重新利用配管器具的条件下，实现全面电气化。有关上下水和消防设备，规划特意保留下来可以利用的部分，改建后再利用。

我们采取的手法有的时候不一定是合理的，但是为了继承原有建筑的记忆，我认为是需要的做法。需要的是边给建筑物施以各种施工，边看清那个建筑物本来就有的魅力，把它保留后再继承。

（后藤壮大 / SEA Design）

左：利用为摄影棚的位于4层的房间。右：地板使用落叶松胶合板，上加微量墨，为了使它有老化效果，刷以加微量墨的聚氨酯绝缘漆。

利用废弃工厂空间特征的手法

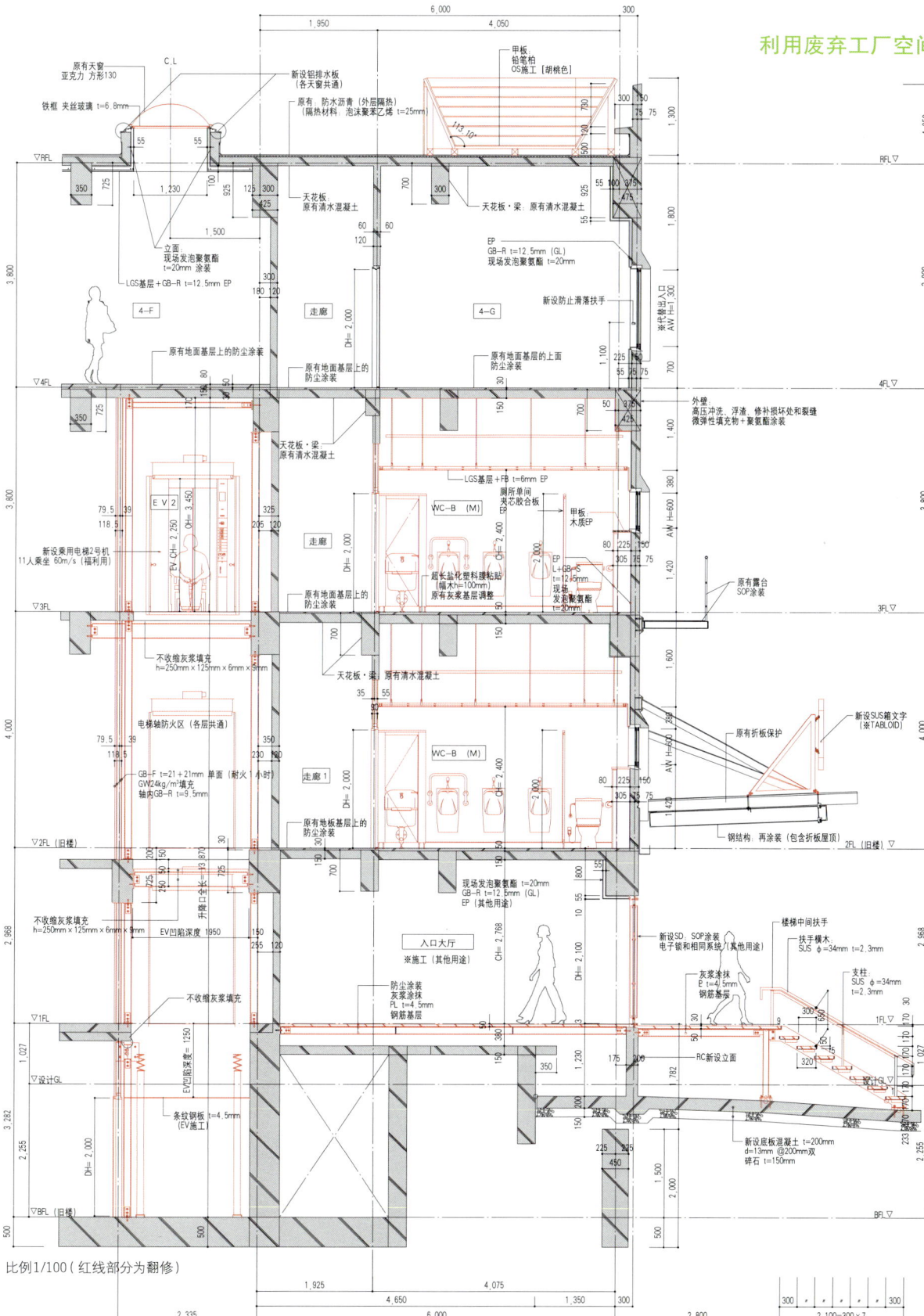

剖面详图　比例1/100（红线部分为翻修）

利用巨大露梁的工作室。过道的平板旁边的管道有很多是现在不使用的。为了保留管道，跟墙之间夹有保温材料。可以使用的管道都重新利用，并实现全面电气化。

右上：位于3层的荷兰服装厂商G-star的店铺。被利用为日本的总部办公室。 右下：咖啡馆"OVER ALL"。因为它兼为门厅，所以可以开很活跃的碰头会。室内装饰由JOMO负责。

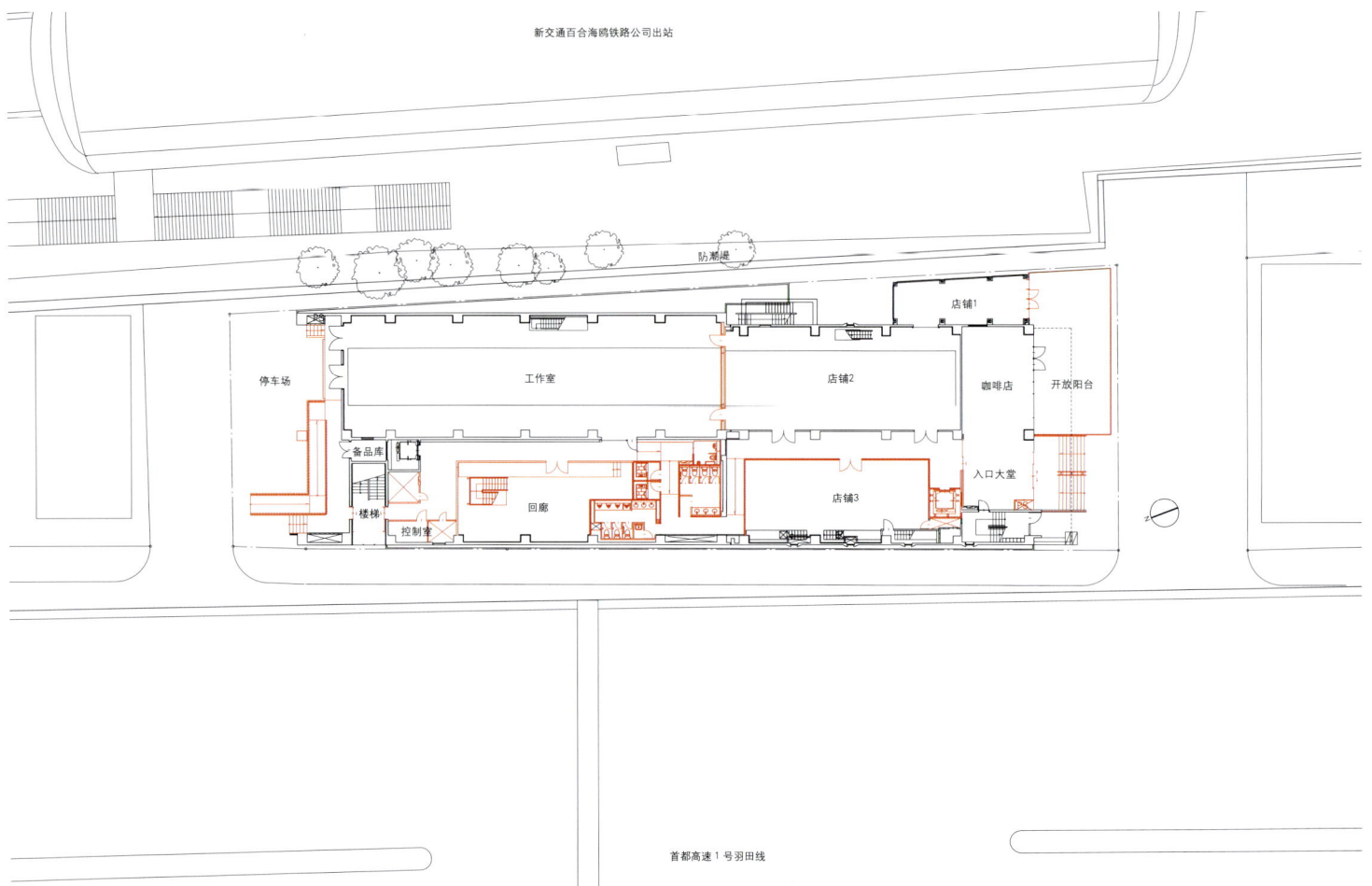

新交通百合海鸥铁路公司出站

防潮堤

停车场

工作室

店铺1

店铺2

咖啡店

开放阳台

备品库

回廊

店铺3

入口大堂

楼梯

控制室

首都高速1号羽田线

总平面图兼1层平面图　比例1/600

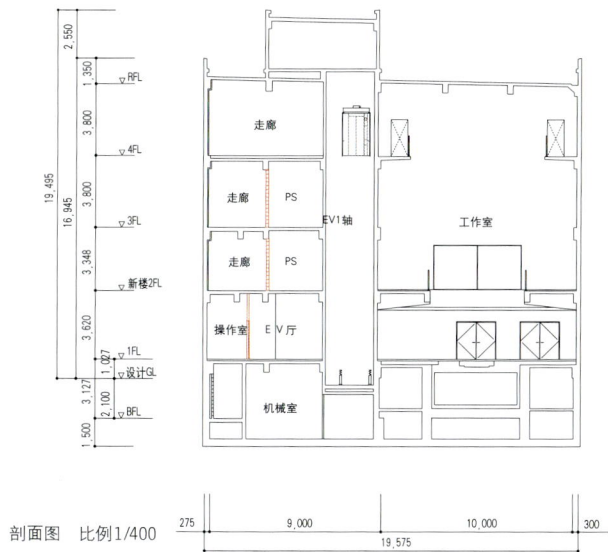

剖面图 比例1/400

275   9,000   10,000   300
19,575

屋顶平台开放为活动场所。用Serangan batu树的攆钵形的平台兼作扶手，切割开Rainbow Bridge(彩虹桥)的风景。

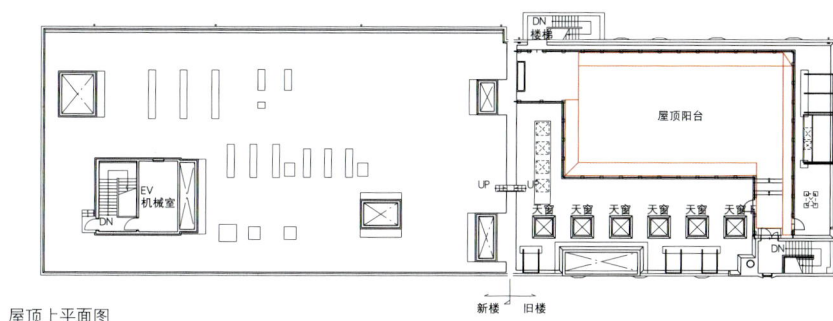

屋顶上平面图

新楼 旧楼

共用空间的图案画在很多面，而且从某一个场所看的时候才能识别符号。由KABUTOS负责。

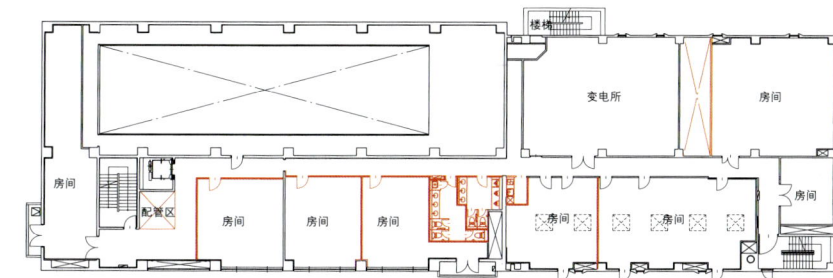

4层平面图

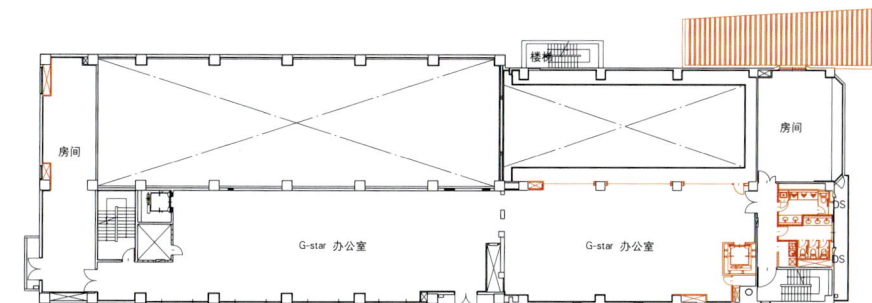

3层平面图

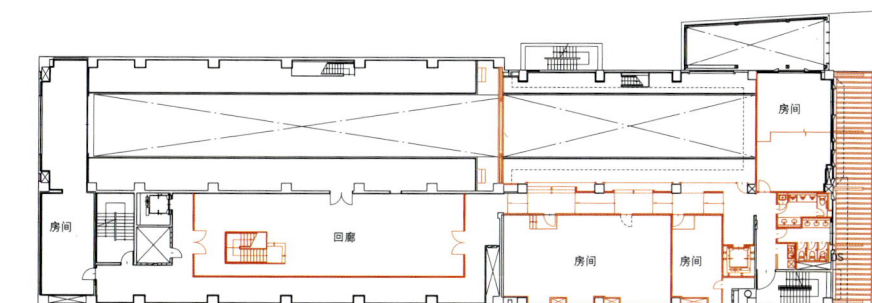

2层平面图 比例1/600

策划、总监制　ReBITA
基本设计　建筑　OpenA / SEA Design
　　　　　结构·设备　SEA Design
施工图·施工　北野建设
用地面积　1660.88m²
建筑占地面积　1314.36m²
总建筑面积　4380.64m²
层数　地下1层　地上4层　阁楼1层
结构　钢筋混凝土结构　部分为钢结构
工期　2009年8月～2010年5月
摄影　日本《新建筑》写真部

KREI OPEN SOURCE STUDIO

设计　POINT 长冈勉 / Kokuyo Office System（国誉办公室系统）
施工　moph
所在地　东京都港区
KREI OPEN SOURCE STUDIO
architects: POINT BEN NAGAOKA / KOKUYO OFFICE SYSTEM

1层的KOKUYO办公室。布置有w3300mm×d2800mm×h2400mm的活动式野营箱。

开启野营箱的门。内部有工作室和会议空间。

把门都打开时，只留下框子，原来被分割的空间缓慢地被连接起来。办公室利用原有的高天棚空间，部分加装空调和灯饰。

门内侧用白板纸，外侧用镀锌钢板后，以软木板加工。它不仅仅可以分割空间，还可以当作室内装饰。

从北侧洞口看内部。按照原有的窗框间隔，内侧设计有展示墙。2层为co-lab的办公室。

叫作"open source（开放性来源）"的工作方式

KREI OPEN SOURCE STUDIO 是办公家具和文具的综合厂商KOKUYO和各种领域的创作者集合体co-lab，作为试验open source工作方式的创意工作室而设立的。

在KREI，KOKUYO的内部创作人员和属于co-lab的独立创作者共同使用空间。在此，他们各自进行独立活动的同时，为了进行知识上的交流和项目合作，互相把门槛设得低，努力把自己的创造质量提高。KREI是世界语"创造"的意思。其思想是，通过在这里的活动，创造出不为原有的组织或框架束缚的、能成为新的世界标准的工作方式和设计。

（黑田英邦　木下洋二郎 / KOKUYO
FURNITURE 田中阳明 / co-lab）

1层门厅。里边有整座建筑的接待处。左边的展柜也是我们设计的，可摆列个人的代表作和活动信息等。

北侧外观。原有建筑是1990年竣工的服装厂商的办公室。

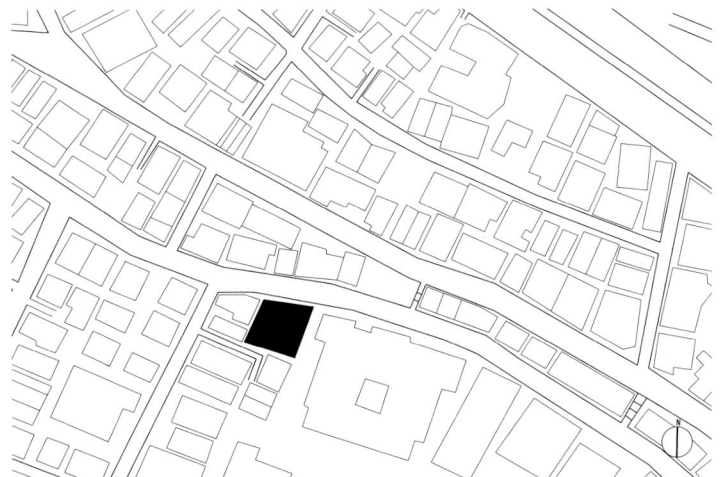

总平面图　比例1/2000

可以创造出积极活动的"箱子"和"笔记本"

原有的又大又简单的建筑中，埋入几个可以触动 open source 的 "箱子"。插入在2层的几个箱子的集合体是个人创作者的工作基地。而地下1层为创作者交流的箱子，这里有把东西和在这里工作的人本身当作材料的材料库，可以触动创作者彼此的想象力。

而在1层，有象征KREI的大约3m×3m的巨大箱子，内部有工作室和会议空间，4个面都由可同时打开的大门构成。通过用这些大门来自由地分割空间，可以按照活动创造出工作室、画廊、演讲室等空间。而全部的门被打开的时候，箱子本身的存在感消失，只有活动本身显露出来。

门宛如是可以把各种活动自由地写进去的巨大"笔记本"。由此我们加上横格似的引导，给它赋予作为笔记本的规格。这些"箱子"同时也都是像"笔记本"似的存在。积极的活动和它的过程不断地被写入到这些"箱子"里时，这些箱子才能产生价值。我们希望作为空间而准备的"箱子"和"笔记本"，根据open source 这个思想，可以成为各种价值创造的契机。

（长冈勉/POINT 佐藤航/KOKUYO OFFICE SYSTEM）

2层平面图

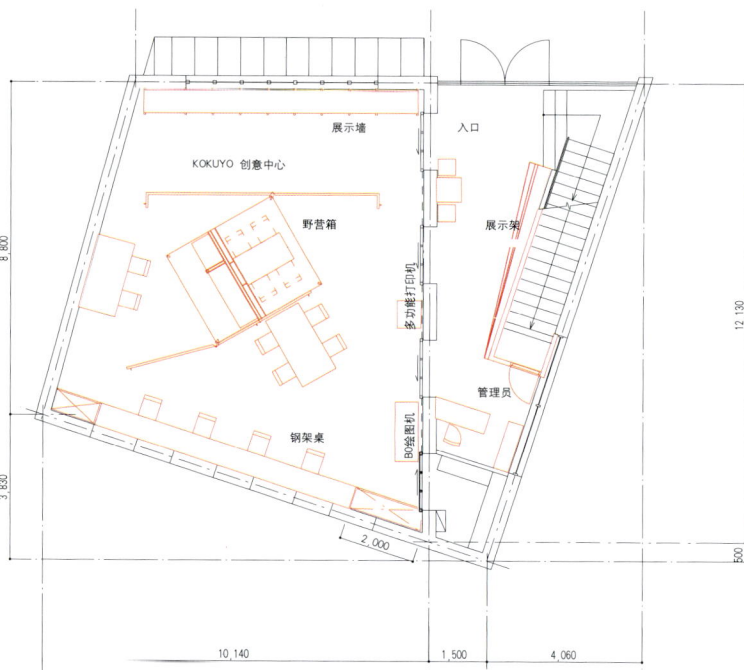

1层平面图

上：由轻质钢骨简单建造的2层co-lab办公室。因空间的隔墙设定为1550mm高，所以虽然是单间，但没有压迫感。 下：地下1层的自由空间。可以共有材料的材料库里边有3个会议空间。

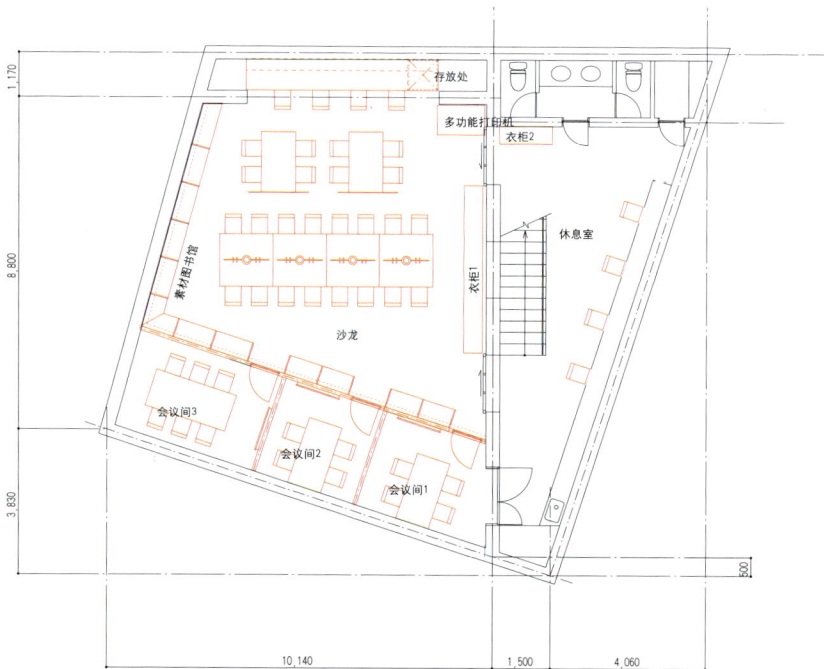

地下1层平面图　比例1/200

138

以可变性的物体让内部空间变化

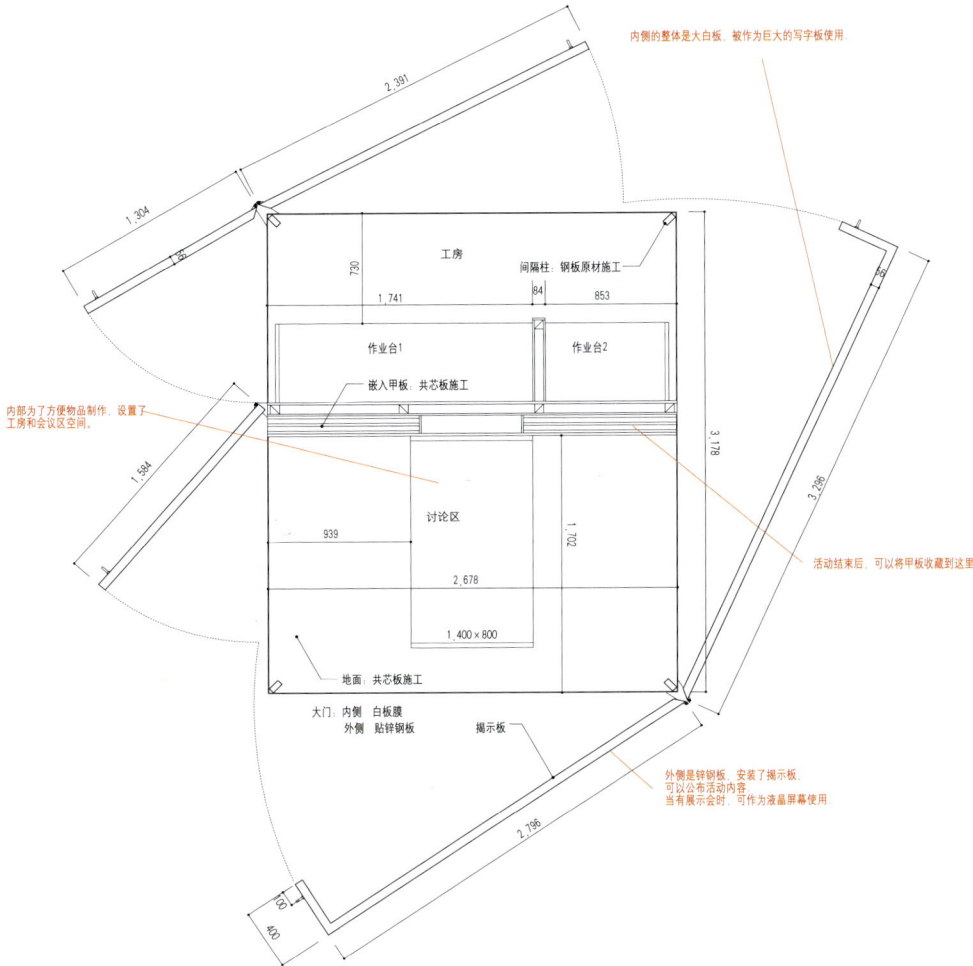

上：地下1层楼梯间。沿着墙面的台面使用原有的。下：利用高天棚，使用全部墙面的展示墙。我们也设计了可叠加的家具。

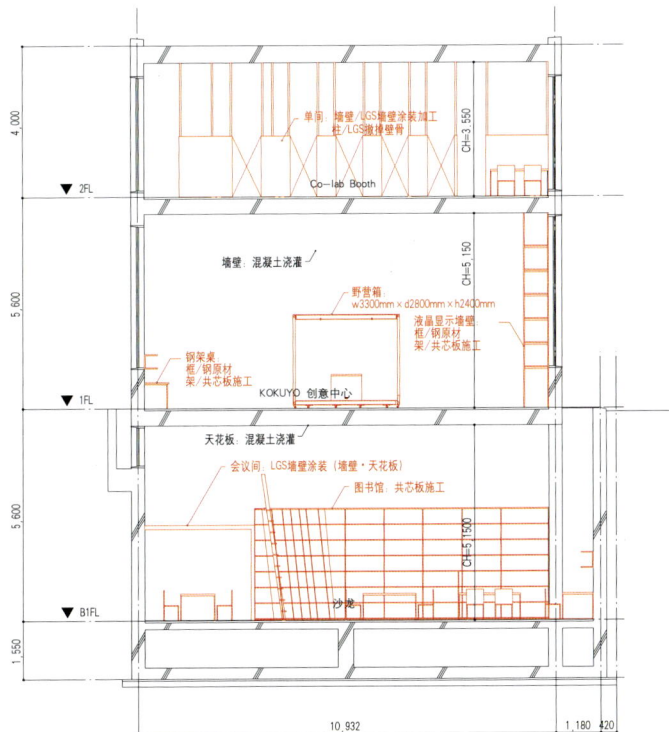

内侧的整体是大白板，被作为巨大的写字板使用

工房

间隔柱：钢板原材施工

作业台1　作业台2

嵌入甲板：共芯板施工

讨论区

活动结束后，可以将甲板收藏到这里

内部为了方便物品制作，设置了工房和会议区空间。

地面：共芯板施工

大门：内侧　白板膜
　　　外侧　贴锌钢板

揭示板

外侧是锌钢板，安装了揭示板，可以公布活动内容，当有展示会时，可作为液晶屏幕使用

1层野营箱平面详图　比例1/50

单间　墙壁/LGS墙壁涂装加工
柱/LGS抹墙壁骨

Co-lab Booth

墙壁：混凝土浇灌

野营箱：
w3300mm×d2800mm×h2400mm

液晶显示墙壁
框/钢原材
架/共芯板施工

钢架桌
框/钢原材
架/共芯板施工

KOKUYO 创意中心

天花板：混凝土浇灌

会议间　LGS墙壁涂装（墙壁·天花板）

图书馆：共芯板施工

沙龙

剖面图　比例1/200

设计　建筑　POINT 长冈勉 / KOKUYO OFFICE
　　　　　　SYSTEM 佐藤航

施工　moph
用地面积　195m²
建筑占地面积　417m²
总建筑面积　396m²
层数　地下1层　地上2层
结构　钢筋混凝土结构
工期　2010年3月～2010年4月
摄影　日本《新建筑》写真部

滨松大厦工程

设计　青木茂建筑工房
施工　鹿岛　神野建设工事共同企业体
所在地　静冈县滨松市
HAMAMATSU SALA
architects: SHIGERU AOKI ARCHITECT & ASSOCIATES

对建成28年的商业设施进行的大规模整治。在外围安装外置钢结构框架，再在其上覆盖玻璃以维持其耐久性。另外，外饰贴以面板，内部也在一些部位加入抗震墙。预计于2010年完工。

整修理念
1.包装

第一步	第二步	第三步	2.系上缎带 第四步	第五步	第六步
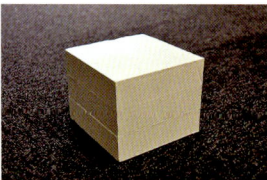					
原有建筑物	包裹	包装完毕	系上缎带	整齐地卷上	致滨松街的礼物
将大厦作为礼物馈赠给街道。	赠送礼物时，要从包装开始。把旧有建筑用金属板漂亮地包起来。	新的外饰兼备"美"与"强(保护躯体)"。	完成之后系上缎带(抗震补强)。	把既有强度又有美感的缎带(抗震补强)缠绕上去。	仔细打结之后礼物就完成了(大厦蜕变完成)。

2010年5月的时侯。正在进行外置钢结构框架的安装。

望向框架的基础部。采用连续带状的补强框架，可避免给特定的基础部带来过大的荷重。

使用螺旋状支撑带补强

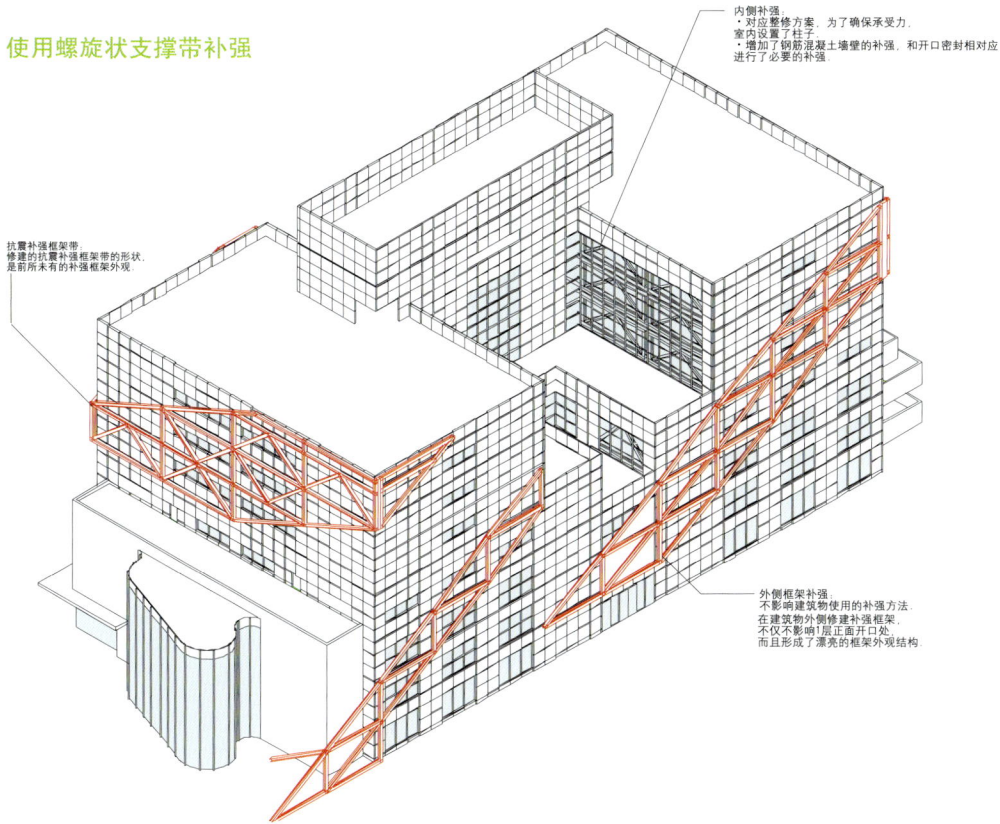

内侧补强：
· 对应整修方案，为了确保承受力，
室内设置了柱子。
· 增加了钢筋混凝土墙壁的补强，和开口密封相对应
进行了必要的补强。

抗震补强框架带：
修建的抗震补强框架带的形状，
是前所未有的补强框架外观。

外侧框架补强：
不影响建筑物使用的补强方法，
在建筑物外侧修建补强框架，
不仅不影响1层正面开口处，
而且形成了漂亮的框架外观结构。

外置钢结构框架。

补强图解

1. 解体
· 修建28年。
· 旧抗震结构，抗震性不好。
· 结构上，解体方案中不需要的墙壁、窗框等。

2. 外部补强
· 一边不影响正常办公一边可以施工，施行了从墙壁外侧的补强方法。
· 螺旋、网状、安全带补强

3. 内部补强
· 为了达到平衡，施行了开口密封补强，加大补强，抗震柱子的配置。

屋顶

开口密封补强

7层

6层

5层

抗震柱子

4层

增加补强

3层

2层

1层

解体

4. 外观
· 外观一新。
· 为了防止楼体恶化，楼体用金属板包裹。
· 框架用玻璃罩着。

5. 完成

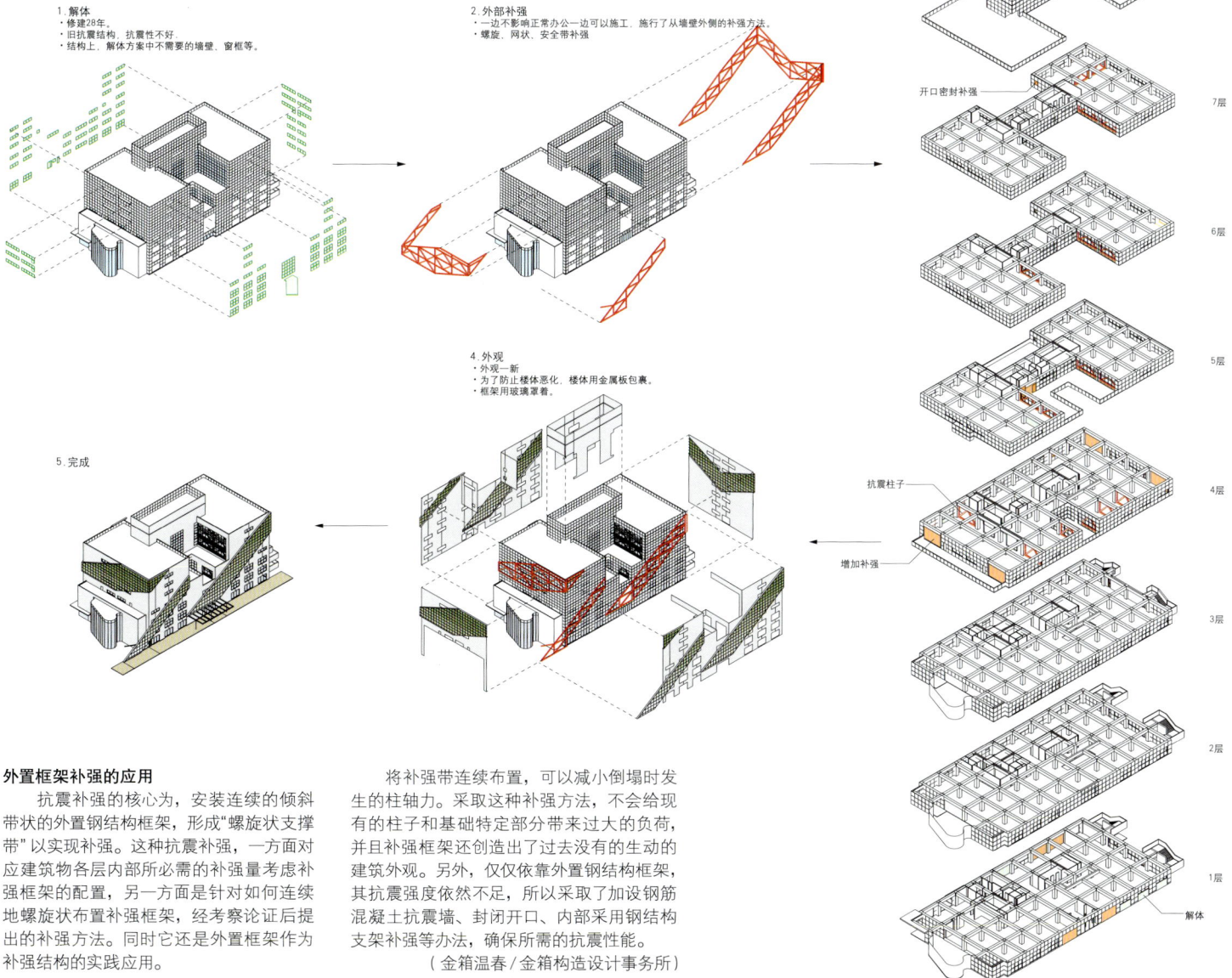

外置框架补强的应用

抗震补强的核心为，安装连续的倾斜带状的外置钢结构框架，形成"螺旋状支撑带"以实现补强。这种抗震补强，一方面对应建筑物各层内部所必需的补强量考虑补强框架的配置，另一方面是针对如何连续地螺旋状布置补强框架，经考察论证后提出的补强方法。同时它还是外置框架作为补强结构的实践应用。

将补强带连续布置，可以减小倒塌时发生的柱轴力。采取这种补强方法，不会给现有的柱子和基础特定部分带来过大的负荷，并且补强框架还创造出了过去没有的生动的建筑外观。另外，仅仅依靠外置钢结构框架，其抗震强度依然不足，所以采取了加设钢筋混凝土抗震墙、封闭开口、内部采用钢结构支架补强等办法，确保所需的抗震性能。

（金箱温春／金箱构造设计事务所）

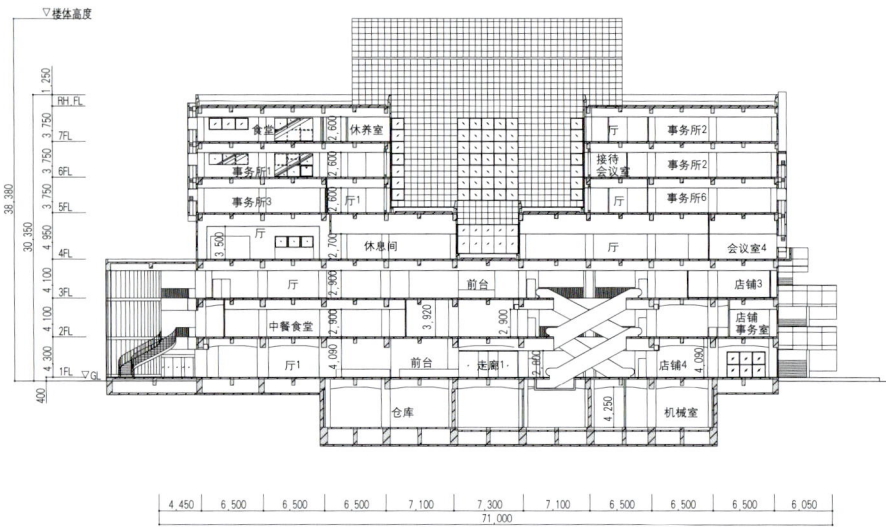

▽楼体高度

剖面图　比例1/800

以气体分子为设计理念的镀铝锌板的外墙。

设计　建筑　青木茂建筑工房
　　　构造　金箱构造设计事务所
　　　设备　鹿岛建设
施工　鹿岛　神野建设工事共同企业体
用地面积　7388.57m²
占地面积　2530.34m²
建筑面积　14626.99m²
层数　地下1层　地上7层　阁楼1层
结构　钢筋混凝土　一部分为钢结构钢筋混凝土
工期　2010年1月～10月(预计)
摄影　青木茂建筑工房

4层平面图

5层平面图

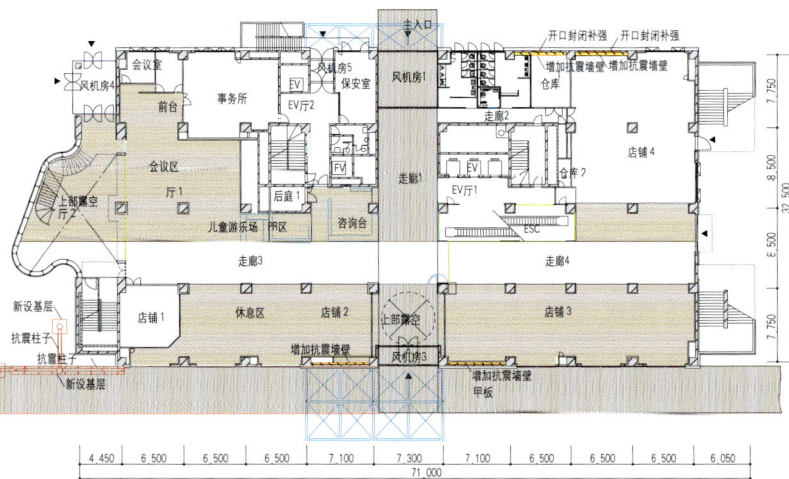

1层平面图
(红线是抗震支架,黄色面是加设的抗震墙,橙色面是封闭开口补强,青色为其他类型的改修)

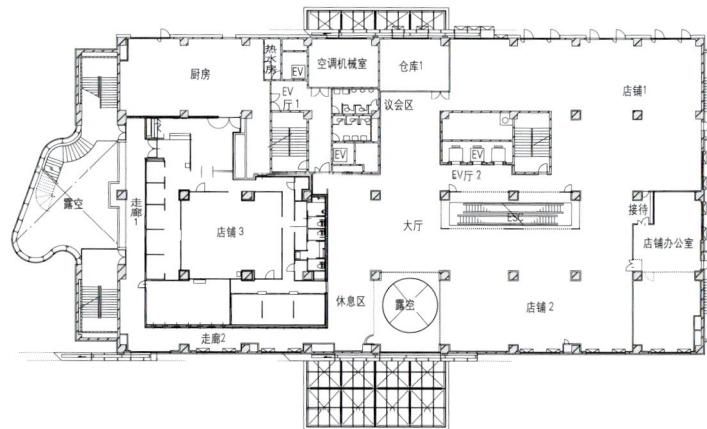

2层平面图

左,中:外置钢结构框架的基础。框架被以倾斜的带状安装在现有建筑体的外墙。右:外墙修补。

尽可能地符合现行法

现有建筑是日本昭和 55 年（1980 年）设计的，作为旧的抗震建筑物已经不适用于一般的处理方法。向滨松市提交建筑基准法第 12 条 5 项的报告时，处理为不需进行确认申请的建筑行为*。此报告包括有关使用中施工（内容类似临时使用申请）的报告，以及除结构相关规定外尽可能适应现行法的检查报告。结构相关部分进行自主抗震补强。消防法的应对则伴随使用中施工的进程，对每一个施工区域随时进行中间检查和完工检查。

此外，本工程被国土交通省的"住宅·建筑物耐震改修模范事业"采纳入案。本案通过耐震补强提升耐震性的同时，建筑的耐久性，便利性，舒适性，开放性，节能性等综合性能也得到提升，更有助于营造良好的街道环境。（青木茂）

*　根据建筑基准法第12条5项，建筑主管或特定政府部门必须要求进行必要的报告。本案的整修，经事先与政府部门协商，因主要结构部分没有过半，所以被判定为不需要进行确认申请。

上4幅：作为外置钢结构框架的补充，采取内部增设钢筋混凝土抗震墙、封闭开口、内部钢结构支架补强等方法确保抗震强度。

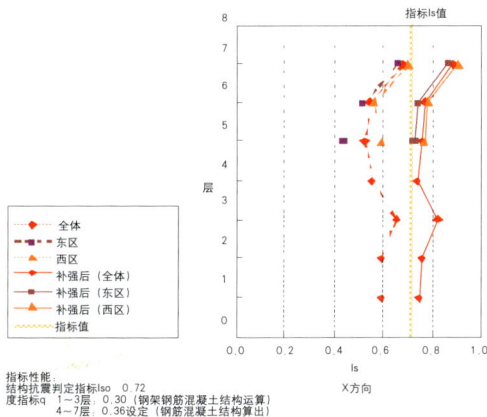

图例：
- 全体
- 东区
- 西区
- 补强后（全体）
- 补强后（东区）
- 补强后（西区）
- 指标值

指标性能：
结构抗震判定指标Iso　0.72
度指标q　1～3层：0.30（钢架钢筋混凝土结构运算）
　　　　4～7层：0.36设定（钢筋混凝土结构算出）

抗震性能试验结果
图中显示了 X、Y 各个方向上补强前后的 Is 值。补强后的 Is 值每层都在 0.75 以上，q 值每层都确保在 0.6 以上。

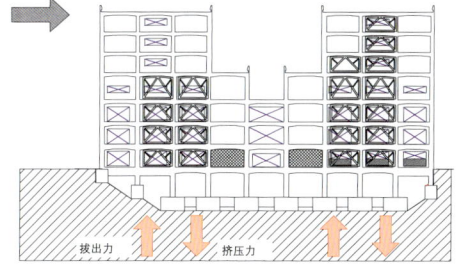

一般的抗震补强柱子
因为在狭窄的范围受力
基础受力很大

地震受力的时候

拔出力　挤压力

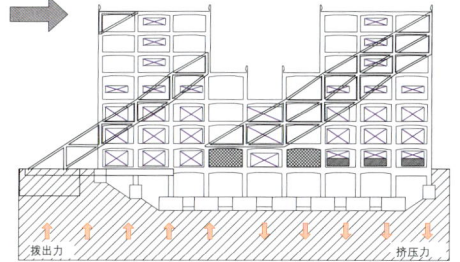

斜面的抗震补强柱子
因为在宽广的范围内受力
基础受力很小

地震受力的时候

拔出力　挤压力

斜支架结构上的优势

旧抗震建筑的大规模改修

位于滨松街道边的这座建筑，经过 28 年已经在逐渐老化，针对房间布局的陈腐化以及设备的故障等，决定进行大规模的整修。作为旧抗震建筑，根据《改正抗震整修促进法》（2006年1月施行），决定对其实施综合的抗震补强工事。对混凝土进行调查的时候，发现虽然结构图设计为采用轻质混凝土，但事实上使用的是普通混凝土。考虑到通常的补强施工无法解决问题，遂与金箱温春就结构上的一切可能性以及设计方案进行了探讨。

抗震补强是从外部像绑缀带一样把钢结构支架缠绕上去以实现补强的方法，世界首例采用了"螺旋状支撑带"抗震构造，为维持其耐候性能的恒久再用玻璃覆盖其上。于是，整座建筑被镀铝锌板包装起来，有效防止了混凝土的老化。采用这种方法，

由于建筑结构体和金属板之间有空气层，所以提供了更好的隔热性能，有望实现空调节能，并减少 CO_2 的释放。

覆盖于结构体上的金属板外墙设计，借鉴了孕育星球的气体分子，及包裹地球的层状气体为设计理念，表现了建筑无论何时都会一直闪耀下去的主题。这一理念也与作为甲方的气体能源供给公司的理念相契合。

形成了宽敞的内部空间

为改善现状封闭的室内空间，在内部各房间之间采用玻璃分隔，或将晒台和室内一体化使用。另外，新设架空等手法，不论在平面还是三维上都成就了宽敞的空间。这种没有分隔的，高自由度开放灵活的空间，可适应未来的各种变化。

动线方面，重新设置了主要入口，使得从停车场到建筑内的移动更加便利，并新设了客用洗手间和休憩空间，提升了舒适度。（青木茂）

鸟瞰现有建筑

市原市水与雕塑之丘整治工程

设计　川口有子＋郑仁愉／有设计室
所在地　千叶县市原市
ICHIHARA ART MUSEUM RENOVATION PROJECT
architects: NAOKO KAWAGUCHI+JINYU TEI / ARISEKKEI

外观效果图，北望展馆。

艺术墙体构筑出两种类型的展示空间

　　此工程位于千叶县市原市的内陆部分，针对可眺望高泷湖的山丘以及建造于其上的钢筋混凝土建筑进行整治。在2010年2月起至3月间进行的提案选拔中，我们作为最优提案被选出（日本《新建筑》1005期新闻，审查员：伊东丰雄　曾我部昌史　高桥晶子　北川フラム　川名正则）。水与雕塑之丘作为以雕塑为主的展示设施于1995年向公众开放，然而随着时代的变迁正在逐渐失去吸引力，且作为展示空间，功能和场地的不足以及设备老化等问题也相继而生。于是，将其改造为能够承办高水准展示活动，并再生为艺术文化、观光、地域振兴据点的要求应运而生。

　　现存建筑拥有弧形平面基调，以及借助坡道和台阶等形成的立体迂回通路等极富特色的框架。但由于与水系及绿色环绕的丰富周边环境缺乏关联，而使得建筑呈现出孤立的感觉。解决这一问题的构想为，将隔断了特色框架与环境的玻璃幕墙及建筑内外的装修剥去，只剩框架，使得建筑向周边环境开放。设置名为艺术墙的新墙体，用以缝合混凝土躯体，构筑出两个拥有不同性格的空间。其一称为展示空间，是能够应对各种类型展示的中立空间，配合各类展示可对其空调照明做出相应调整。与之对峙的场所则称为协作空间，将粗犷的混凝土剥离

而出形成，是引入了光线和风、与自然环境更加亲近的空间。在这里艺术家可以创作与建筑或环境相融的作品。

　　本规划并非为每个角落都实施严格人工管理的展示空间，而是激发湖泊山丘及现存建筑的魅力、从而创造出更有包容性并能够提供丰富艺术体验的环境。新与旧、艺术、湖泊与绿色环境，以及造访至此的人们，将多种要素融为一体，致力于使其成为散发着新鲜活力的建筑。　　（川口有子＋郑仁愉）

现存建筑。弧形的墙壁和玻璃幕墙无法适应展览的用途,并且与周边的水环境与绿色环境缺乏关联。

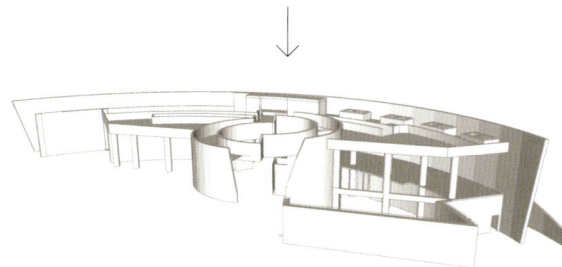

撤去幕墙和玻璃屋顶以及内外装修,剥离出混凝土的半室外空间。

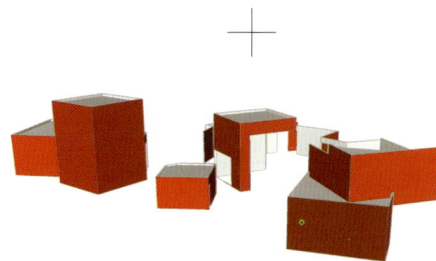

插入压延成型钢板制作的艺术墙将其躯体缝合。

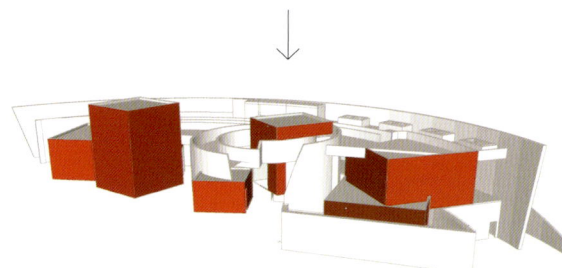

再生为新旧混合的建筑。

概念图解

设计　建筑　川口有子＋郑仁愉／有设计室
　　　结构　长谷川大辅构造计画
　　　设备　ZO设计室
用地面积　11283.51㎡
占地面积　约1500㎡
建筑面积　约2000㎡
层数　地下1层　地上1层
结构　现存部分:钢筋混凝土
　　　增建部分:钢结构
照片提供　川口有子＋郑仁愉／有设计室

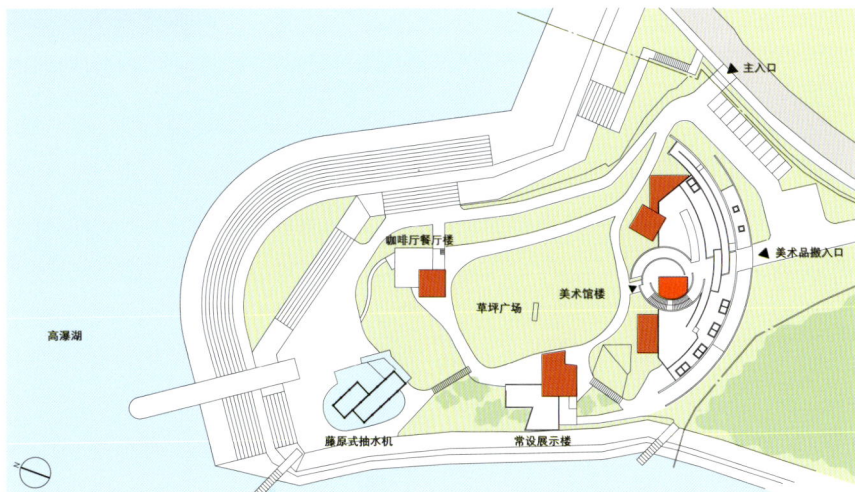

总平面图　比例1/2000

左起 ①1层展示室的架空空间。白色墙壁围合的室内，露出原有的梁柱。
②协作空间。剥离后得出的旧有混凝土结构以及新插入的艺术墙围合而成的粗犷空间。
③相邻的展示空间与协作空间。

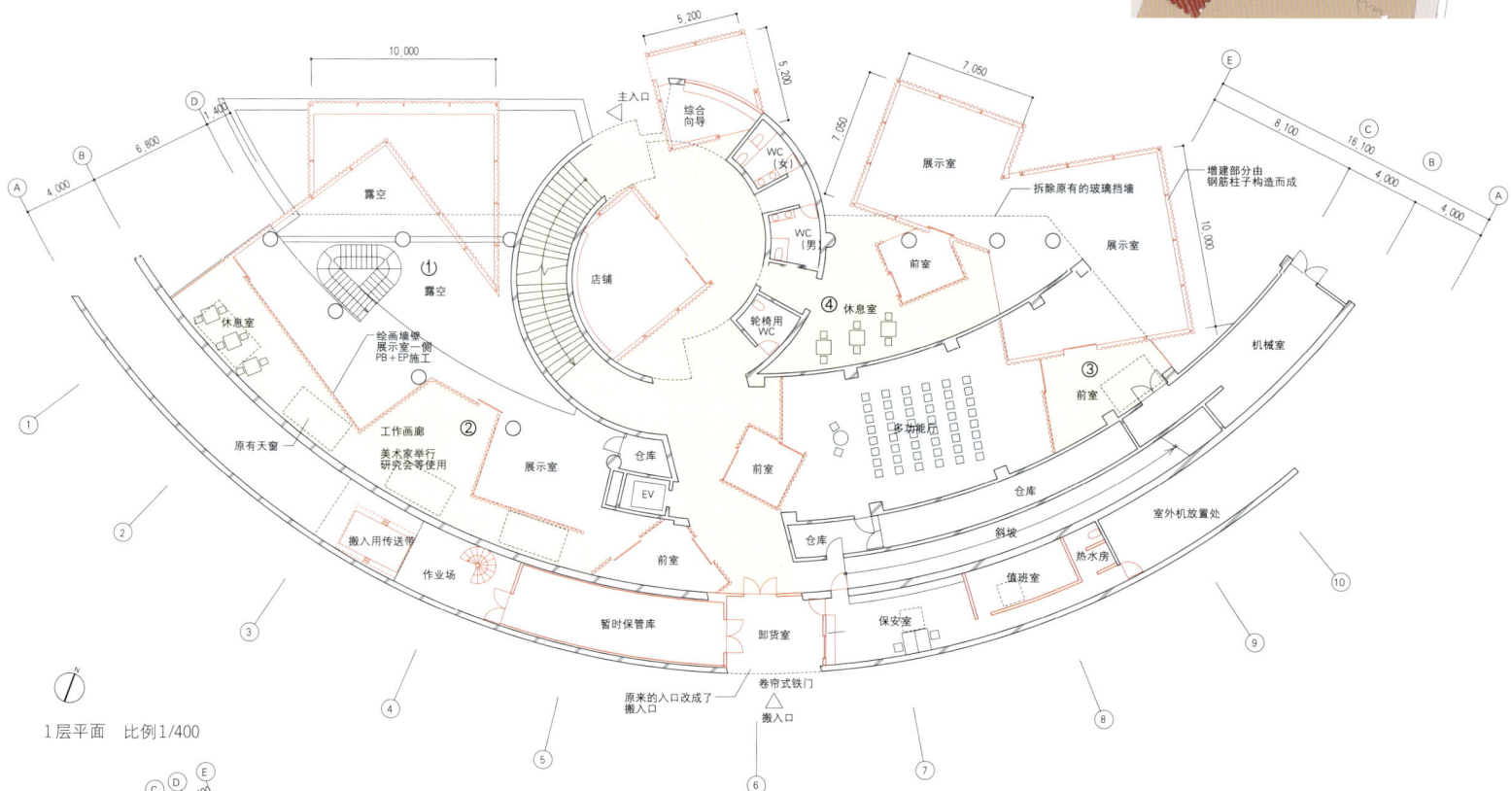

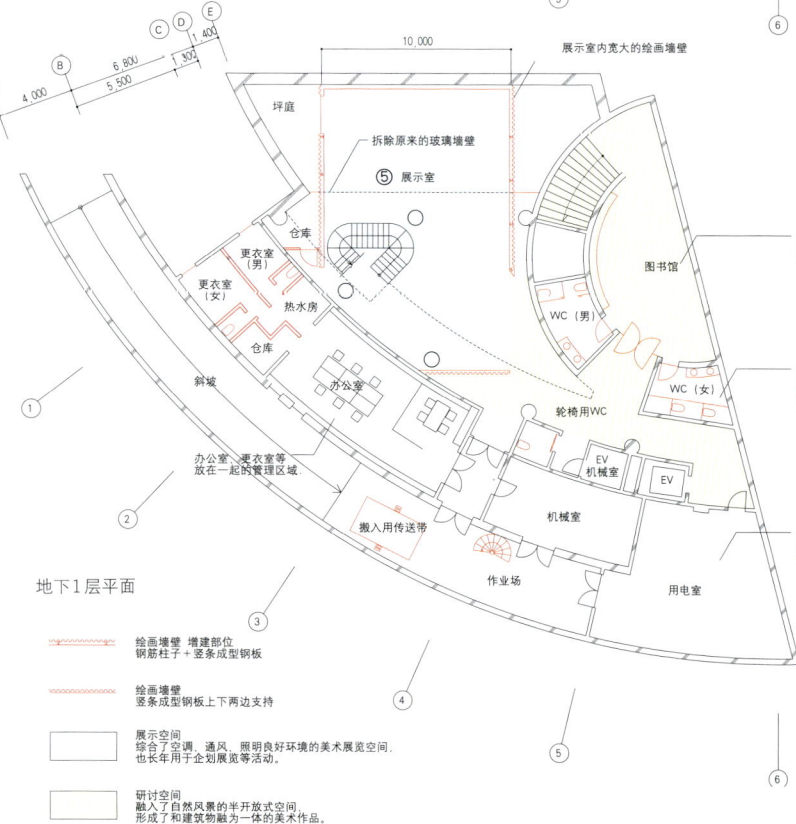

1层平面 比例1/400

主入口
综合向导
WC（女）
WC（男）
轮椅WC
店铺
展示室
前室
拆除原有的玻璃挡墙
增建部分由钢筋柱子构造而成
④休息室
机械室
露空
露空
休息室
①
绘画墙壁展示室一侧 PB+EP施工
原有天窗
工作画廊 美术家举行研究会等使用
②
展示室
仓库
EV
前室
③
前室
多功能厅
仓库
仓库
斜坡
室外机放置处
热水房
值班室
搬入用传送带
作业场
暂时保管库
卸货室
保安室
原来的入口改成了搬入口
卷帘式铁门
搬入口

地下1层平面

展示室内宽大的绘画墙壁
坪庭
拆除原来的玻璃墙壁
⑤展示室
仓库
更衣室（男）
更衣室（女）
热水房
仓库
斜坡
办公室
图书馆
可以阅览地区美术活动信息、过去展览会的目录等的信息空间。
WC（男）
WC（女）
轮椅用WC
EV机械室
EV
机械室
办公室、更衣室等放在一起的管理区域。
没有改变厕所的位置，只更换了厕所用具，配管也使用原有配管。充分降低了成本。
搬入用传送带
作业场
用电室
用电室和机械室都没有改变原有位置，线路也是原有配管线路。充分降低了成本。

绘画墙壁 增建部位 钢筋柱子+竖条成型钢板
绘画墙壁 竖条成型钢板上下两边支持

展示空间
综合了空调、通风、照明良好环境的美术展览空间。也长年用于企划展览等活动。

研讨空间
融入了自然风景的半开放式空间。形成了和建筑物融为一体的美术作品。

上起 ④在协作空间中，艺术家可创作与建筑融为一体的作品。
⑤地下1层展示室。

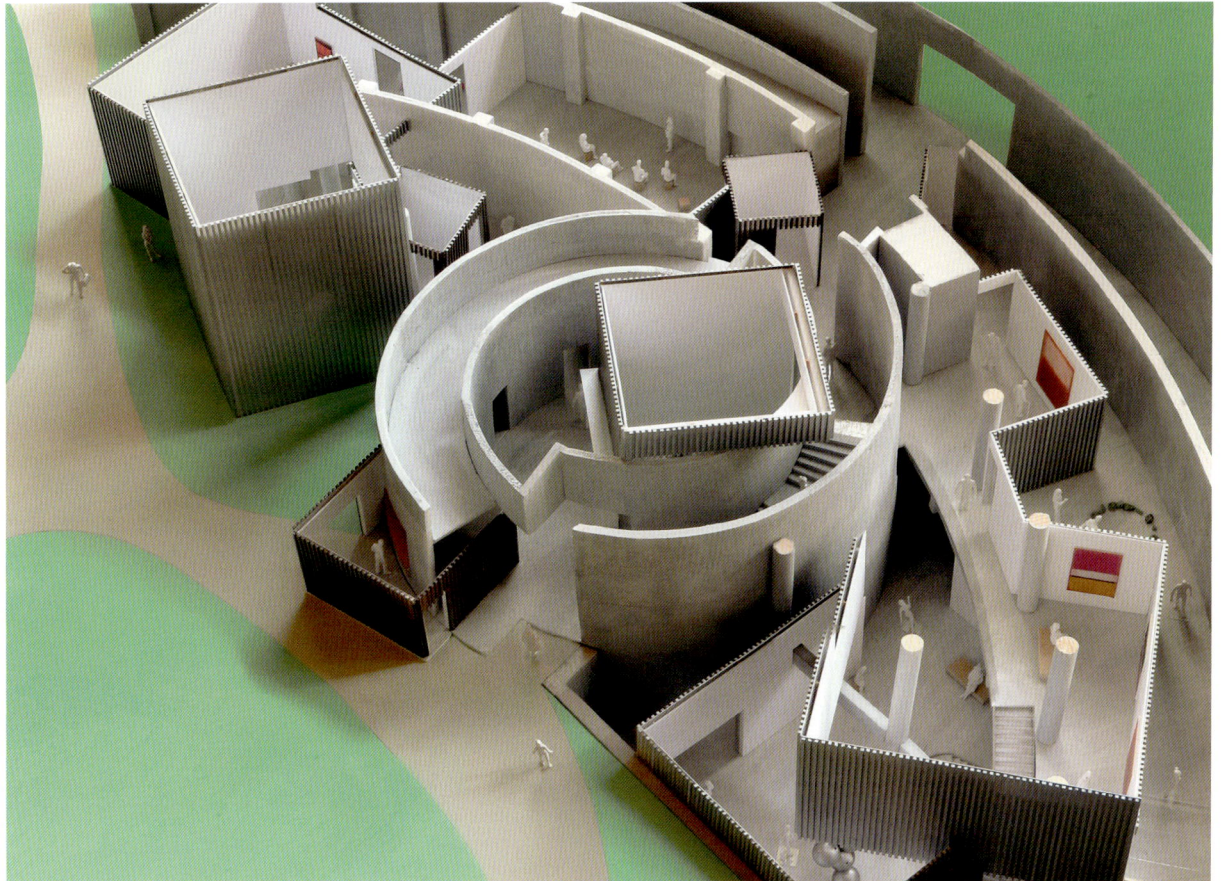

由西侧俯瞰展馆。

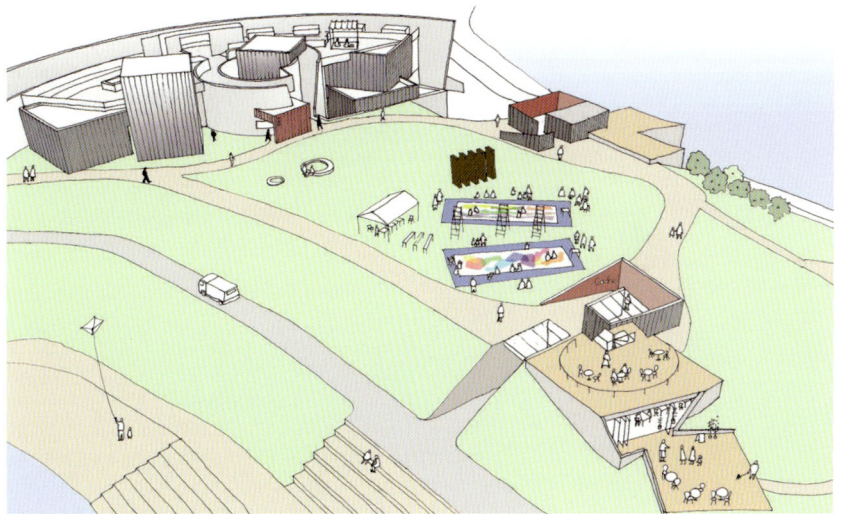

艺术墙构造：在旧有建筑的内部运用折板的
超强刚性，借助旧有建筑的顶棚和地板两边
的支撑构成墙壁。

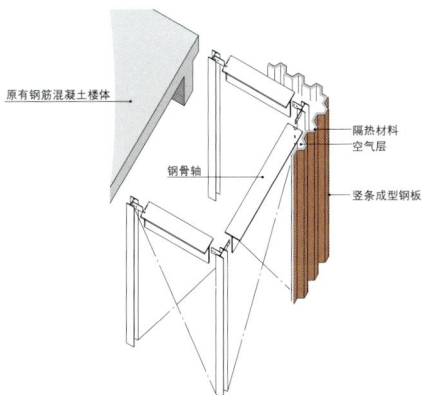

俯瞰示意图，将基地整体作为美术馆来考虑。

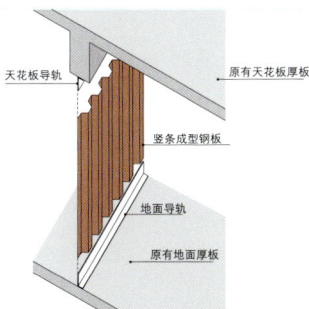

艺术墙构造：在旧有建筑上增建的部分，
增建部分为钢架结构。

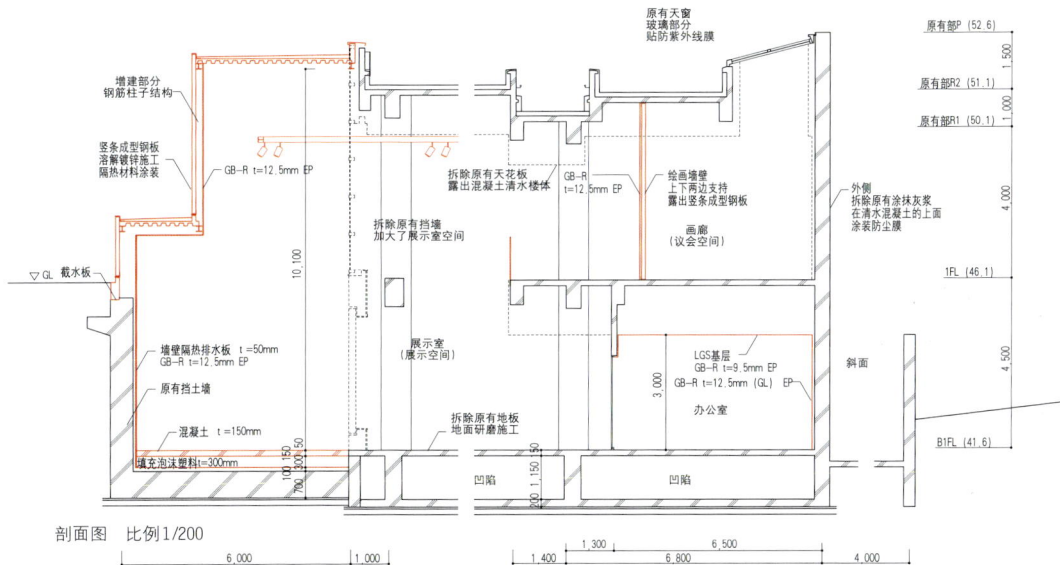

剖面图　比例1/200

土佐黑潮铁道
"中村站"整修工程

设计　nextstations
施工　佐竹建设
所在地　高知县四万十市

THE RENOVATION FOR NAKAMURA STATION, TOSA KUROSHIO RAILWAY
architects: NEXTSTATIONS

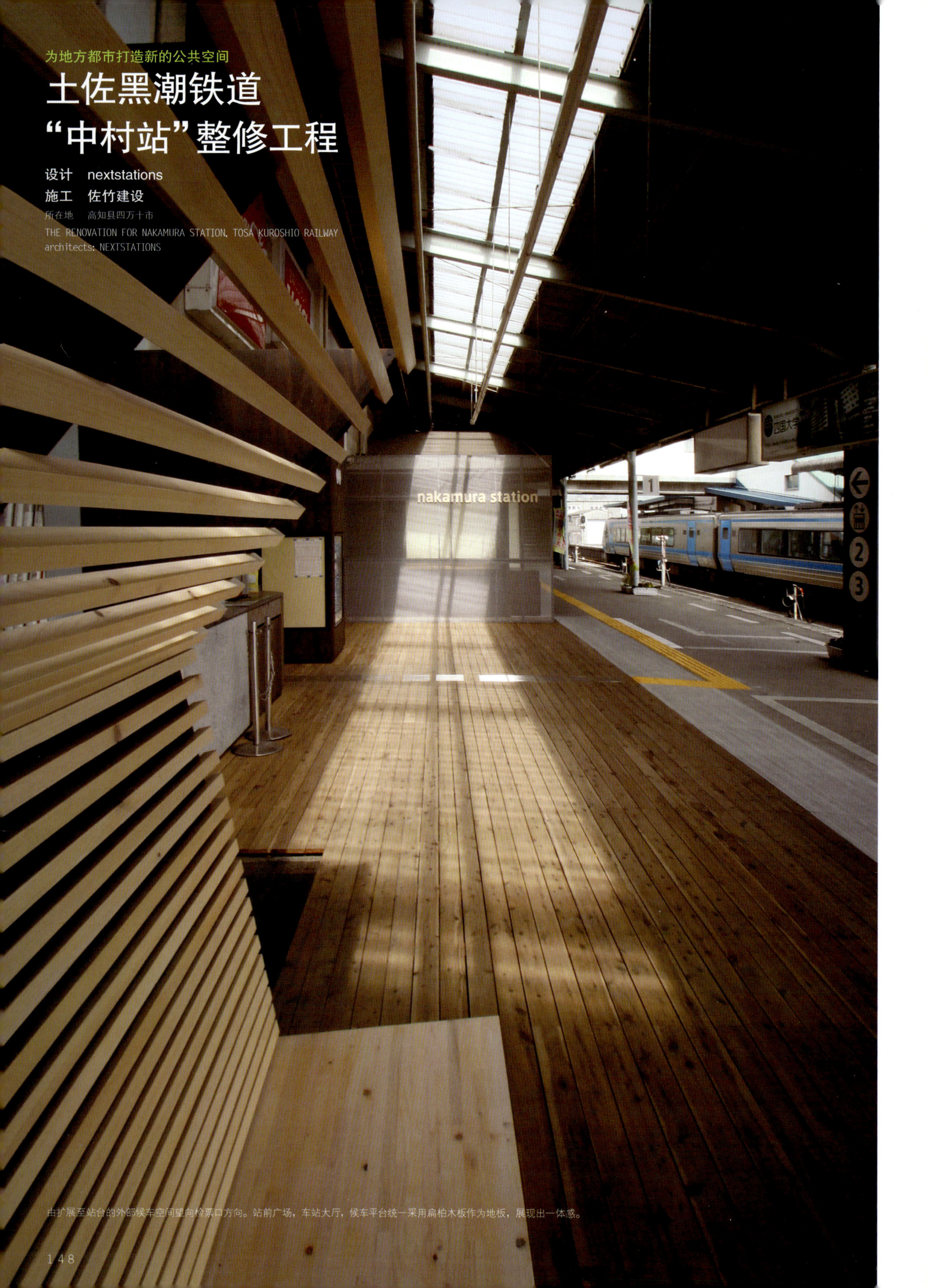

nakamura station

由扩展至站台的外部候车空间望向检票口方向。站前广场，车站大厅，候车平台统一采用扁柏木板作为地板，展现出一体感。

候车室内景。也可作为高中生的自习空间。家具和地板采用了四万十本地产的扁柏，营造了安定的候车空间。车站作为公共空间的原本的机能即是人所在的场所，本案实现了这种机能的再生。

人流穿梭的车站大厅。检票口的地方使用伸缩缝金属件和构造用合板等进行处理。广告类装置以不遮挡视线为准，将高度控制在1,500mm以下。

车站大厅，售票处周边。过去曾悬挂票价表和时刻表的上部用土佐纸张贴，纸背可透光。

贯彻始终的信息管理

　　若要营造安定的车站氛围，需要对信息的优先顺序做出整理。大都市的车站都必须将庞大的信息揭示在较高的地方使其更容易被看到，但中村站由于信息量并不大，所以集约化整理之后将其改成成人视平线以下。从铁道的营业规则以及时刻表的每一个细节抓起，仰仗土佐黑潮铁道的全面配合，站内的设计规划如电子告示板、时刻表、票价表、广告等视觉媒体，乃至店铺的购物袋和工作人员的工作服，都由我们进行了整体设计。

（川西康之＋栗田祥弘＋柳辰太郎）

宽敞明亮的大厅空间。检票变更为在列车内进行，于是撤去了检票口。

店铺纸袋的设计也由我们亲自完成。

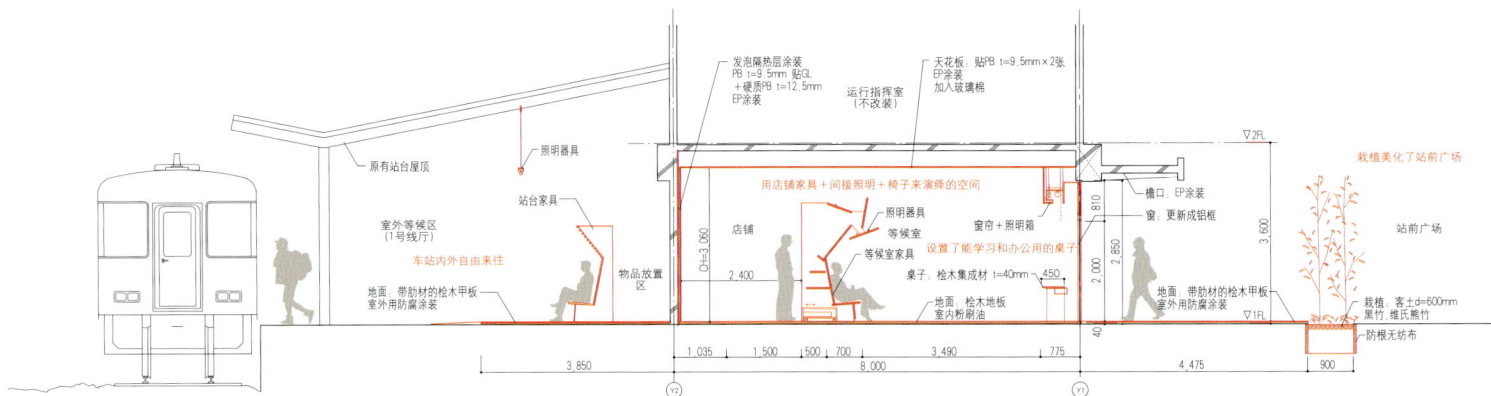

剖面　比例1/150（红线部分为改修）

集照明器具和家具结为一体的长椅。接触人肌肤的部分都使用了四万十柏木无节层积板材。

上：长椅内侧（店铺一侧）活用其形状作为货架。
中：由长椅望向站前广场。对窗户的铝质窗框也进行了更换。
下：由站前广场望向候车室，柏木长椅的间接照明洋溢于站前。

使人陶醉的装置

　　一般的商业设施和餐饮店的照明都是针对商品和食品，而我们希望车站的照明可以把人映照得更加丰富多彩。长椅上方的突起在提供间接照明的同时，也是为了人们在就座时可以在视觉上感受木材的质感。在设计上，为使人在起立的过程中不会撞到头部而进行了微小的调整。长椅采用厚度3～4cm的整洁、无节的柏木层积材制作，人们在就座时会有被柏木包围的感觉。被柔和的材料包围着的安全感，以及真实的木材酝酿出的紧张感，把使用者和公共空间紧紧联系在一起。另外，从柏木集成材的缝隙中透出的照明光线，使人们从脸到手以及整个空间都笼罩在柔和的光线下。照明的色彩不同于商业设施常见的钨丝灯色，也不是橙色系，而是追求了更加独特的色彩。照明光线经四万十的柏木特有的粉红色反射之后，车站里人们肌肤的红色也被纤毫毕现地映照出来，形成了站前空间一道新的风景线。

（川西康之＋栗田祥弘＋柳辰太郎）

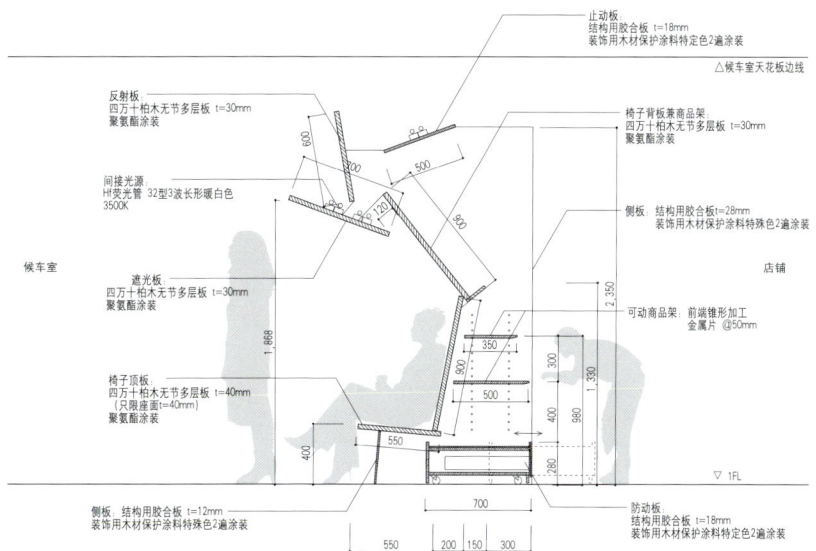

内部候车室长椅剖面详细　比例1/50

8年前由日本《新建筑》企划而发起的项目

2002年末，日本《新建筑》(0212期)刊登了《第1回建筑与都市联合研究补助》(吉冈文库基金主办)的征集启事。本企划预期用1年的时间对建筑与都市的融合方法进行研究，这一次以火车站作为主题，获得最优秀奖的项目将得到100万日元的研究经费。

我们认为比起大都市，地方城市中反而存在着更多的课题。于是选择了运行于高知县西南部的土佐黑潮铁道中的中村·宿毛线作为题材，提出了研究计划。以四万十川和足摺岬而闻名的高知县西南部拥有丰富的自然环境，但却因少子高龄化和人口密度过疏而缺乏地区活力。这一地区属于典型的日本地方城市，我们对其提出的研究计划是，与欧盟里以提高都市间竞争力为最高指令的欧洲都市相联系，以火车站作为切入点，以全球视点来考虑地区问题，最终这一计划荣获了最优秀奖。

我们多次深入高知县，与当地NPO共同举办活动，提出对新车站的设想方案。通过每年例行举办一次

活动，以及担当土佐黑潮铁道的官方网站设计等方式，我们与高知县西南部地区保持着方方面面的联系。

2009年，我们再次收到了来自土佐黑潮铁道的久违的联系。虽然对车站实施改修已经确定下来，但同事带来了在从前基础上修改过的提案，也许对方认为可以重新听听我们的意见。

地方都市中的私有空间和公共空间

在日本的地方都市中，也许正是因为所谓单间的"私人"空间蔓延，而造成了"公共"空间的无力化。人们都借助"私家车=私人"完成从"家=私人"到"工作地/商业设施=私人"的移动。

而另一方面，"公共"空间被普遍认为是面向大众免费开放的空间，在公共空间中陌生人之间交错擦肩，只发生看与被看的关系。因而，大都市中的人们很洒脱地走在街道上，愈发显出大都市的繁华。

我们猜想，地方都市中存在的问题本质其实是私人空间与公共空间的平衡被打破了。住宅以及商业

设施等私人空间都非常舒适，并且安全、安心、周到。而与之相对的，虽然作为地方都市也必然对街道公园等投入很多预算，但却谈不上安全和安心。大多数公共空间缺乏魅力，也渐渐丧失了竞争力。车站是能够对抗私人空间的最后的公共空间。从车站中找回公共精神，是我们最大的心愿。

改变等待时间

尽管中村站是特急列车停靠的站点，但是日客流量只有区区3000人次。与新宿站1日370万人次的客流量相比，四国最大的高松站1日客流量也不足3万人次。

对于铁道事业者来说，车站最重要的机能是保证"乘客的安全"。对于大都市的车站来说，如何安全且顺畅地疏导乘客是最重要的课题。然而，在中村站停靠的列车1小时内只有1～2辆，除确保安全之外，更应体现出因客流量少而恰能实现的价值。此外，由于人们在车站里停留的时间也较长，于是如何提高

拆除检票口之后宽敞的车站大厅

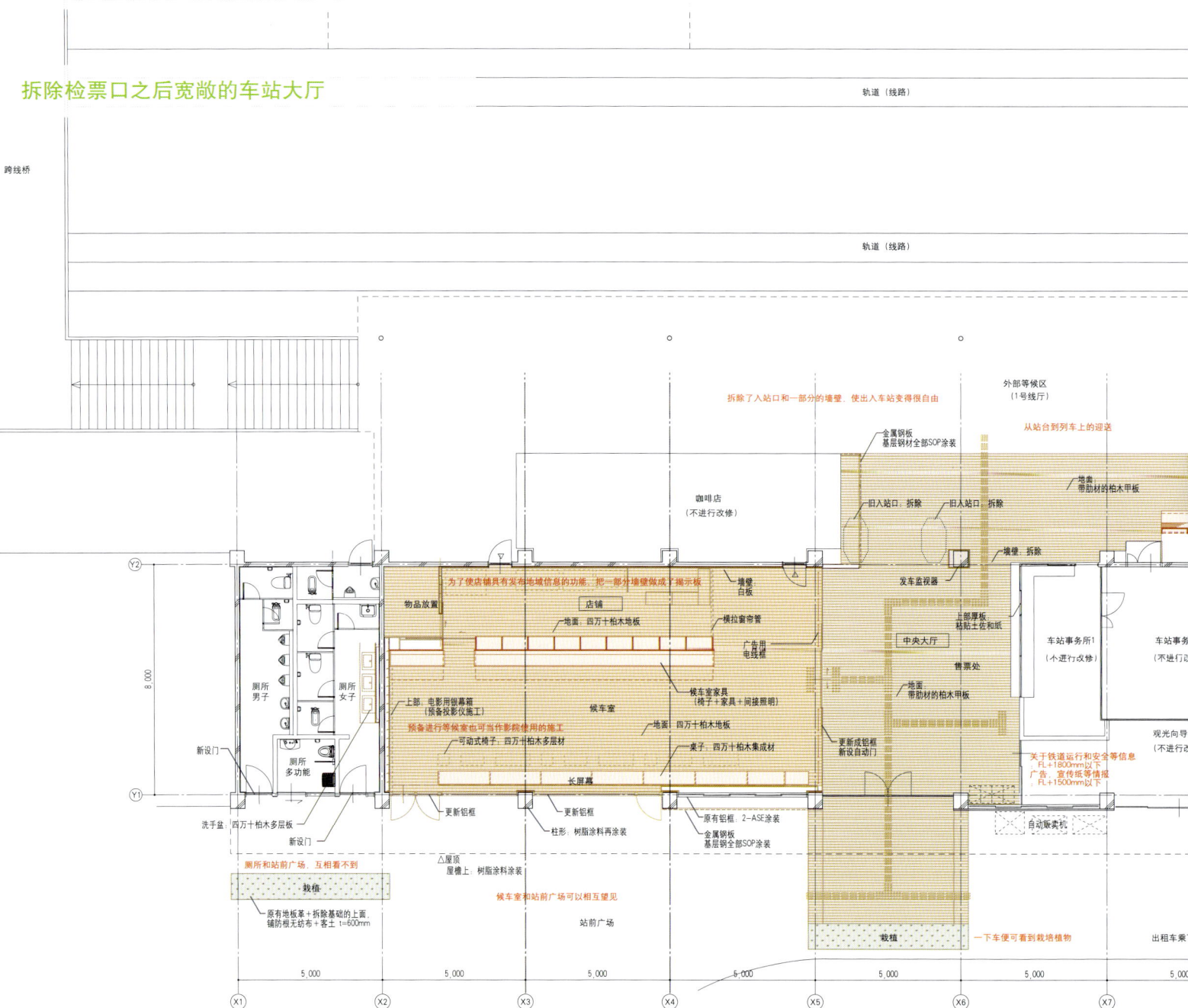

平面详细 比例1/200

"等待时间"的质量也十分重要。如何应对乘客，以营建可放心使用的车站为目标去规划看与被看的空间，我们完全以使用者的视点进行了此次规划。

超越界限

本案以约3千万日元的预算，对已建成40年的钢筋混凝土车站进行改造。条件是只有"检票口外"可作为改造对象。检票口内的站台和顶棚是无法以建筑基准法衡量的所谓圣域。顺便一提，我们在初次会议上就提出了"拆除检票口"的主张。

40年前7节车厢的特急列车，现在已减为3节车厢，于是站台显得很空旷。但是，检票口内正对着四万十河的支流，这里即使盛夏时节也会吹来习习凉风，非常舒适。

拆除检票口之后，就可以自由地进出车站。另外，从前检票口外侧原有的候车室十分狭小且座位数很少，事实上想要扩大空间也只能拆除检票口。作为经营者的土佐黑潮铁道公司是在土佐地区很受爱戴的企业，全盘接受了我们的提案，漂亮地拆除了会遮挡站台、车站大厅和站前广场视线的墙壁。

重视未来使用者的车站

应土佐黑潮铁道的要求，此次大量使用了四万十的柏木。作为公共建筑，往往以社会道德可接受的最底线来选择素材，但我们认为"正因为是公共的"所以才要用最好的素材。

车站最多的使用者是相对而言交通不便的高中生和老人。特别是高中生在毕业的同时就会拿到驾驶执照，之后就很少利用铁道了。但正因为在未来还会成为使用者，所以希望他们能够自如地使用车站这一公共空间，于是在新候车室里设置了柏木的书桌和椅子。

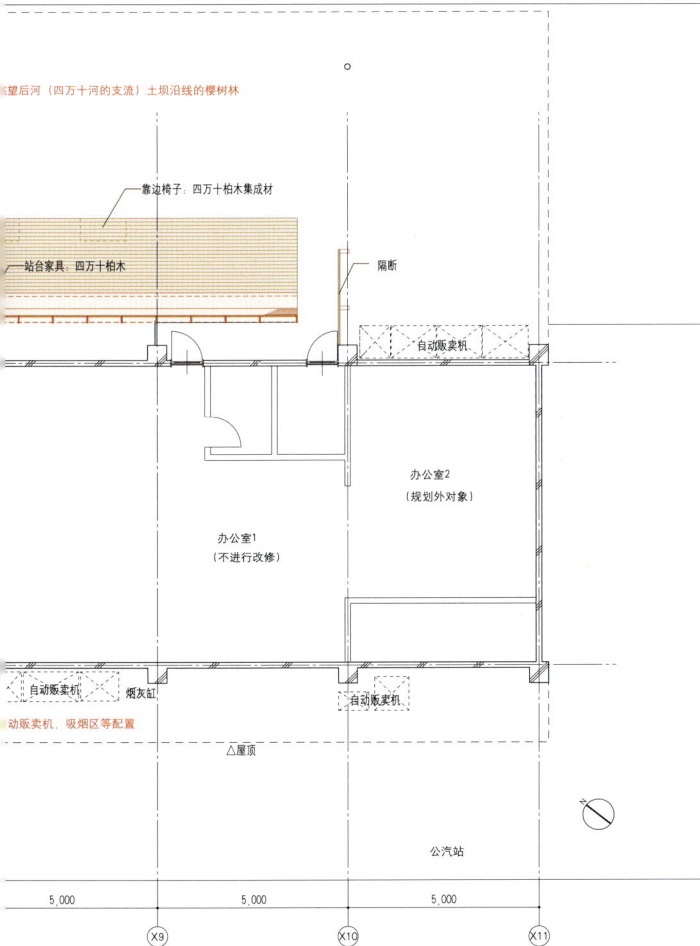

（川西康之＋栗田祥弘＋柳辰太郎）

眺望后河（四万十河的支流）土坝沿线的樱树林

靠边椅子：四万十柏木集成材

站台家具：四万十柏木

隔断

自动贩卖机

办公室2
（规划外对象）

办公室1
（不进行改修）

自动贩卖机　烟灰缸

自动贩卖机

动贩卖机，吸烟区等配置

△屋顶

公汽站

5,000　　5,000　　5,000

X9　　X10　　X11

由车站大厅望1号线站台。从信号灯规划到时刻表、票价表等都进行了统一设计。

望向1号站台。四万十柏木墙的家具像是在迎接着四方来客。

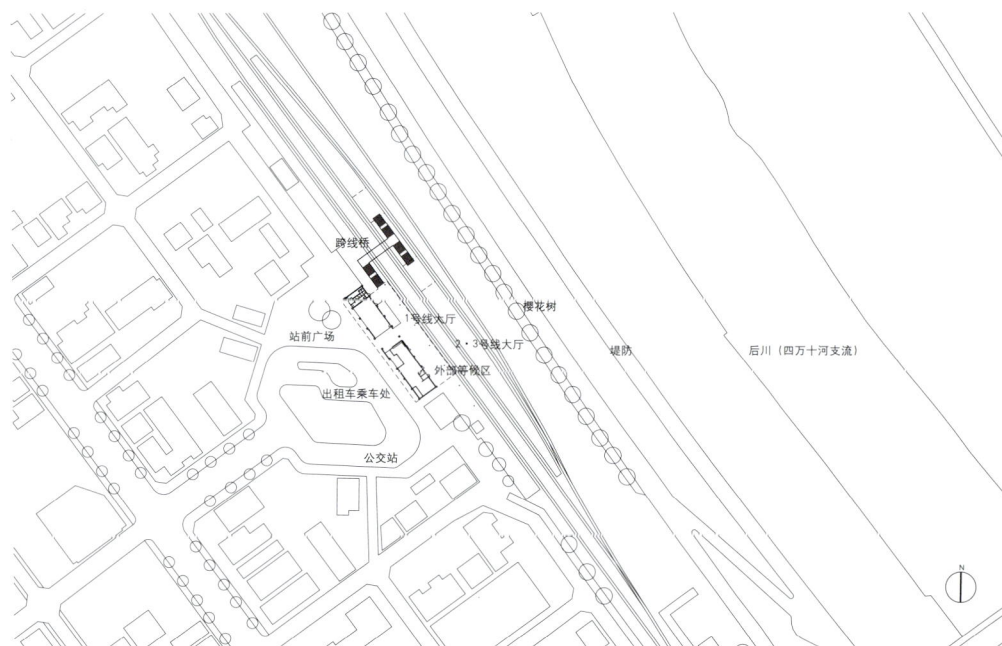

总平面 比例1/3000

作为新公共空间的车站

车站可看作是街道的玄关，但常常被设置了过多的地域符号，或是显示出追求地标性质外观的倾向。我们认为车站的主人并非建筑，而应该是人。在人们的生活中，营造一个可以提供家、学校或商业设施中不存在的，具有崭新价值观的空间是十分必要的。对于铁道来说，过去也好，现在也好，都是从远方运送旅客和物资的存在，车站应该承载很多梦想。所以，我们把候车室最深处的白色墙壁作为电影荧幕。当然并非是用来张贴观光海报的，而是设置了投影仪和荧幕，并进行了音响设备的准备施工。将来车站可以成为电影院，对于没有电影院的四万十市来说将会实现其新价值。我们衷心希望中村站可以成为地方都市新公共空间的范本。

（川西康之＋栗田祥弘＋柳辰太郎）

站前广场，檐下部分重新粉刷并进行了整治。

基地全景，后方是开阔的河堤和自然风光。

设计　nextstations
施工　佐竹建设
用地面积　662.50m²
占地面积　448.37m²
建筑面积　694.05m²
改修面积　420.00m²
层数　地上2层
结构　钢筋混凝土结构　部分钢结构
工期　2009年12月～2010年3月
摄影　nextstations